安徽省高水平高职教材

普通高等学校机械类精品教材

机床电气系统检测与维修

第 2 版

主　编　李雅琼　李　梅

副主编　毛芳芳　卢佳佳

编写人员（以姓氏笔画为序）

马佳奇　毛芳芳　卢佳佳

刘志云　李　梅　李伟峰

李雅琼　陈大伟

中国科学技术大学出版社

内 容 简 介

本书从培养学生职业能力和企业岗位的任职需要出发,以机床的电气控制为主线进行编写。全书内容包括常用电工工具的使用、导线的处理、三相异步电动机的拆装、常用低压电器、机床基本电气控制电路、CA6140普通车床电气控制线路及检修方法、M7130平面磨床电气控制线路及检修方法、Z37摇臂钻床电气控制线路及检修方法、X62W万能铣床电气控制线路及检修方法、T68卧式镗床电气控制线路及检修方法、机床电气控制设计、数控机床电气控制系统等12个项目。每个项目又分为知能目标、基础知识、操作实践(项目四无操作实践)、项目小结和习题5个部分。

本书可作为职业技术院校机电一体化、数控技术等相关专业的课程教材,也可作为维修电工技能培训的参考用书。

图书在版编目(CIP)数据

机床电气系统检测与维修/李雅琼,李梅主编.—2版.—合肥:中国科学技术大学出版社,2021.2

ISBN 978-7-312-05098-5

Ⅰ. 机… Ⅱ. ① 李 … ② 李… Ⅲ. ① 机床—电气控制系统—故障检测—高等职业教育—教材 ② 机床—电气控制系统—维修—高等职业教育—教材 Ⅳ. TG502.34

中国版本图书馆 CIP 数据核字(2020)第 247212 号

机床电气系统检测与维修
JICHUANG DIANQI XITONG JIANCE YU WEIXIU

出版	中国科学技术大学出版社
	安徽省合肥市金寨路 96 号,230026
	http://press.ustc.edu.cn
	https://zgkxjsdxcbs.tmall.com
印刷	合肥市宏基印刷有限公司
发行	中国科学技术大学出版社
经销	全国新华书店
开本	787 mm×1092 mm 1/16
印张	11.75
字数	301 千
版次	2015 年 2 月第 1 版 2021 年 2 月第 2 版
印次	2021 年 2 月第 2 次印刷
定价	39.00 元

前　言

本书是根据高职院校机电一体化技术、数控技术等专业的人才培养目标以及企业相关岗位的要求，本着由浅入深、理论与实践并重的原则编写的，旨在培养符合企业需要的高技能型人才。

本书在编写内容上贴近生产，与相关技术标准对接，参考维修电工的基础知识，以机床的电气控制为主线，图文并茂、理实结合、浅显易懂。

本书是由高校教师和企业人员共同开发，综合企业相关需求编写而成的，实用性强。

考虑到高职院校相关专业的课程开设情况，本书一开始介绍一些基础知识，包括常用电工工具的使用、导线的处理、三相异步电动机的拆装、常用低压电器等，为之后机床电路的分析、安装、调试及维修奠定理论基础。紧接着是本书的重点，即常见机床，如车床、磨床、钻床、铣床、镗床等的电路分析和故障排除。最后，介绍如何进行机床电气控制设计以及数控机床的基础知识。

本书推行任务驱动、项目导向教学。每个项目列出了知识目标和技能目标，让读者清楚每一个项目应该掌握的知识和技能；除项目四外，每个项目中既安排了理论知识，又安排了动手实践，真正实现了理实一体；每个项目的最后还有项目小结和习题，帮助读者梳理每个项目的主要内容，并通过一定的习题巩固所学知识。

本书由阜阳职业技术学院李雅琼、李梅任主编，毛芳芳、卢佳佳任副主编，马佳奇、刘志云、李伟峰、陈大伟参加编写。在本书的编写中，编者参考了多位专家、学者的论著和文献，在此表示衷心的感谢。

本书中二维码所链接的动画由安徽弘展网络科技有限公司开发，仅供读者参考。

由于编者水平有限，书中难免存在疏漏和不足之处，敬请广大读者批评指正。

编　者

目　　录

项目一　常用电工工具的使用

 知能目标

1. 知识目标
(1) 认识常用电工工具,了解常用电工工具的用途。
(2) 了解常用电工工具的结构。
(3) 掌握常用电工工具的使用方法。
2. 技能目标
(1) 能熟练使用、维修电工工具。
(2) 能熟练使用验电器。

基础知识

常用电工工具种类繁多,用途广泛,按其使用范围可分为两大类:通用电工工具与专用电工工具。

知识链接一　通用电工工具

通用电工工具是指一般专业电工经常使用的工具。对电气操作人员而言,能否熟悉和掌握通用电工工具的结构、性能、使用方法和操作规范,将直接影响工作效率和工作质量以及人身安全。

一、验电器

验电器是用来检验导线、电器和电气设备是否带电的电工常用工具,分为高压验电器和低压验电器。

(一)高压验电器

高压验电器是变电站必备的工具,主要用来检验电力输送网络中的高电压。高压验电器一般由金属钩、氖管、绝缘棒、护环和握柄等组成,如图1.1所示。使用时,须戴绝缘手套,用手握住验电器的握柄(切勿超过护环),最好站在绝缘垫上,并且不得一人操作。

（二）低压验电器

低压验电器又称验电笔，它是用来检验对地电压 250 V 以下的低压电源及电气设备是否带电的工具。验电笔分为氖管式和数字式，如图 1.2 所示。

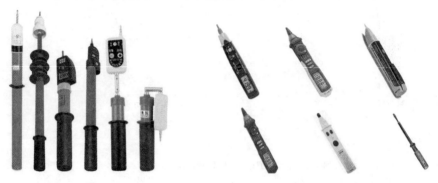

图 1.1　高压验电器　　　　　　　图 1.2　低压验电器

1. 氖管式验电笔

氖管式验电笔按外形分为螺钉旋具式和钢笔式，目前市场上出售的验电笔以旋具式较为常见。氖管式验电笔的结构如图 1.3 所示。它是利用电流通过验电器、人体、大地形成回路，其漏电电流使氖泡起辉发光而工作的。只要带电体与大地之间电位差超过一定数值，验电器就会发出辉光，低于这个数值，就不发光，从而来判断低压电气设备是否带有电压。其正确握法如图 1.4 所示。

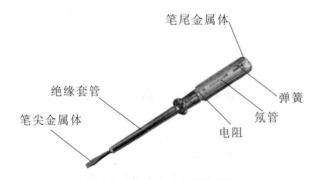

图 1.3　氖管式验电笔的结构

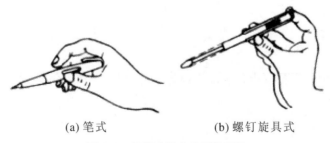

（a）笔式　　　　　　　　　（b）螺钉旋具式

图 1.4　氖管式验电笔正确握法

2. 数字式验电笔

数字式验电笔由触头、显示屏、感应测量按钮、直接测量按钮和工程塑料壳体组成，如图

1.5 所示。

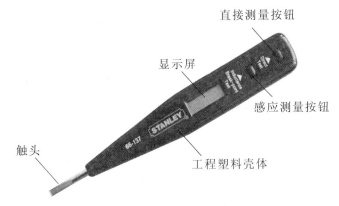

图 1.5　数字式验电笔的结构

3. 使用注意事项

(1) 验电器使用前应在确有电源处检查测试,确认验电器良好后方可使用。

(2) 验电时应将电笔逐渐靠近被测物体,直至氖管发光。只有在氖管不发光,并在采取防护措施后,才能与被测物体直接接触。

(3) 使用高压验电器时,应一人测试,一人监护;测试人必须戴好符合耐压等级的绝缘手套;测试时要防止发生相间或对地短路事故;人体与带电体应保持足够的安全距离。

(4) 在雪、雨、雾及恶劣天气情况下不宜使用高压验电器,以免发生危险。

4. 低压验电器的应用技巧

(1) 判断交流电与直流电。测量交流电时氖管通身亮,而测量直流电时氖管一端亮。

(2) 判断直流电正负极。氖管的前端(笔尖)明亮是负极,后端明亮是正极。

(3) 判断直流电源有无接地、正负极是否接地。发电厂和变电所的直流系统,是对地绝缘的。人站在地上,用验电笔去触及正极或负极,氖管是不应当发亮的,如果发亮则说明直流系统有接地现象。如果氖管靠近笔尖的一端发亮,则是正极接地;如果氖管靠近手指的一端发亮,则是负极接地。

(4) 判断同相与异相。两手各持一笔,两脚与地相绝缘,两笔各触一根线,用眼观看一支笔,不亮为同相,亮为异相。

(二) 螺钉旋具

螺钉旋具又称起子、螺丝刀或旋凿,是一种紧固或拆卸螺钉的工具。按其头部形状可分为一字旋具和十字旋具,如图 1.6 所示。

1. 使用螺钉旋具紧固要领

先用手指指尖握住手柄拧紧螺钉,再用手掌顶住手柄末端拧半圈左右即可。紧固有弹簧垫圈的螺钉时,要求把弹簧垫圈刚好压平即可。紧固成组的螺钉,要采用对角轮流紧固的方法,先轮流将全部螺钉预紧(刚刚拧上为止),再按对角线的顺序轮流将螺钉紧固。

对于小型号螺丝刀,可以采用如图 1.7(a)所示的方法,用食指顶住握柄末端,大拇指和中指夹住握柄旋动使用;对于大型号螺丝刀,可以采用如图 1.7(b)所示的方法,用手掌顶住握柄末端,大拇指、食指和中指夹住握柄旋动;对于较长的螺丝刀,可采用如图 1.7(c)所示的方法,右手压紧握柄并旋转,左手握住金属杆的中间部分。

图1.6 螺钉旋具

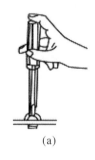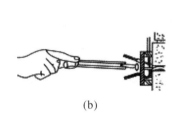

(a)　　　　　　　　(b)　　　　　　　　(c)

图1.7 螺丝刀使用示意图

2. 注意事项

使用旋具时应注意:不可使用金属杆直通柄顶的螺钉旋具,应在金属杆上加绝缘护套;螺钉旋具的规格应与螺钉规格尽量一致,两种槽型的旋具也不要混用。

(三)电工用钳

1. 钢丝钳

钢丝钳俗称老虎钳,由钳头和钳柄组成,是一种钳夹和剪切的工具,如图1.8所示。其钳口用来钳夹和弯绞导线头;齿口用来松开和紧固螺母;刀口用来剪切导线或剖削软导线的绝缘层;铡口用来铡切电线线芯、钢丝或铅芯等较硬的金属线材,如图1.9所示。电工用钢丝钳的钳柄带有绝缘套,耐压为500 V以上。

图1.8 电工用钳

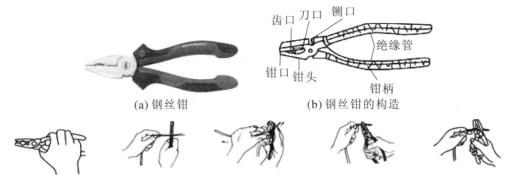

(a) 钢丝钳　　　　　　　(b) 钢丝钳的构造

用齿口拧螺钉　用铡口切钢线 用刀口拉剥导线绝缘层 用钳口弯折金属导线 用刀口剪导线
(c) 钢丝钳的使用方法

图 1.9　钢丝钳

钢丝钳使用注意事项：必须检查绝缘柄的绝缘是否完好；剪切带电导线时，不得用刀口同时剪切相线和零线，以免发生短路故障；不能当作敲打工具。

2. 尖嘴钳

尖嘴钳的头部呈细长圆锥形，在接近端部的钳口上有一段菱形齿纹。由于它的头部尖而细，适于在较狭小的工作空间操作。尖嘴钳常用规格有 130 mm、160 mm、180 mm、200 mm 四种。目前常见的多数是带刃口的，既可夹持零件，又可剪切细金属丝。

3. 斜口钳

斜口钳是用来剪切细金属丝的工具，尤其适用于剪切工作空间比较狭窄和有斜度的工件。

斜口钳使用注意事项：剪切时，钳头应朝下，在不能改变钳口的方向时，可用另一只手将钳口遮挡一下，以防止剪下的线头飞出伤人或掉落到电路板上。

4. 剥线钳

剥线钳是用来剥离小直径导线线头绝缘层的工具。剥线钳由钳头和钳柄两部分组成。钳头部分由压线口和刀口构成，含有直径为 0.5~3 mm 的多个刀口，以适用不同规格的线芯。使用时，将要剥削的绝缘层先放入相应的刀口中（比导线直径稍大），用手将钳柄一握紧，导线的绝缘层即被割破后自动弹出。

使用剥线钳剥线要领：剥线时先根据导线的线径，选择相应的剥线刀口，再将准备好的导线放在剥线钳的刀刃中间，选择好要剥线的长度，握住剥线钳手柄，将导线夹住，再缓缓用力使导线的绝缘层慢慢剥落。松开剥线钳的手柄，取出导线，可以看到导线端头的金属芯线整齐地露在外面，导线上其余的绝缘层则完好无损。

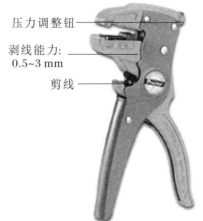

压力调整钮

剥线能力：
0.5~3 mm

剪线

图 1.10　压线钳

5. 压线钳

压线钳又常常被称为压接钳，是连接导线与导线或导线线头与接线耳的常用工具，如图 1.10 所示。按用途分为户内线路使用的铝绞线压线钳、户外线路使用的铝绞线压线钳和钢芯铝绞线使用的压线钳。

压线钳使用方式如图1.11所示。将待接线头放入接线耳中,将接线耳放入压接钳头中,紧握钳柄就可以了。

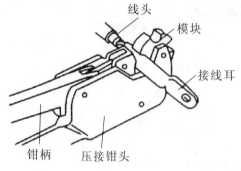

图1.11　压线钳的使用方法

(四) 电工刀

电工刀是用来剖削的专用工具,如图1.12所示。使用时,刀口应朝外进行操作,用毕应及时把刀片折入刀柄内。电工刀的刀柄是不绝缘的,不能在带电体上使用电工刀进行操作,以免触电。电工刀应在单面上磨出呈圆弧状刀口,在剖削导线的绝缘层时,必须使圆弧状刀面贴在导线上进行切割,这样刀口不易损伤线芯。

图1.12　电工刀

电工刀的使用方法如图1.13所示。刀片与导线呈45°角切入,碰到金属芯线后平行前推,到头后,将剩余部分用手向后反掰,用电工刀切断掰过来的绝缘层即可。

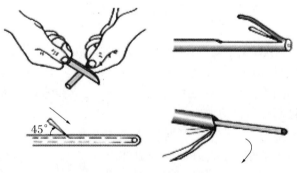

图1.13　电工刀的使用方法

(五) 扳手

扳手是用于螺纹连接的一种手动工具,种类和规格很多。有活络扳手和其他常用扳手。

1. 活络扳手

活络扳手又称活络扳头,是用来紧固和松动螺母的一种专用工具,如图1.14所示。它是供装、拆、维修时旋转六角或方头螺栓、螺钉、螺母用的一种常用工具。它的特点是开口尺寸在规定范围内可任意调节,所以特别适用于螺栓规格多的场合。

2. 其他常用扳手

其他常用扳手有呆扳手、梅花扳手、两用扳手、套筒扳手和内六角扳手等。如图1.15

所示。

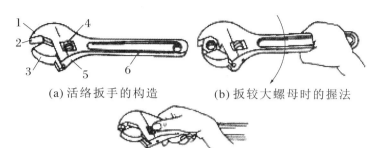

(a) 活络扳手的构造　　　　　　(b) 扳较大螺母时的握法

(c) 扳小螺母时的握法

1—呆扳唇;2—扳口;3—活络扳唇;4—涡轮;5—轴销;6—手柄

图 1.14　活络扳手

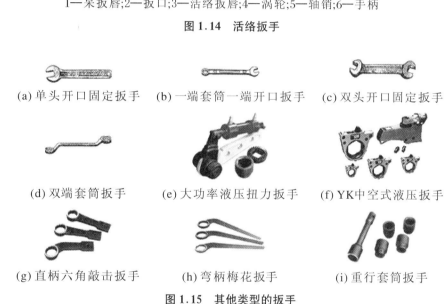

(a) 单头开口固定扳手　　　(b) 一端套筒一端开口扳手　　　(c) 双头开口固定扳手

(d) 双端套筒扳手　　　　(e) 大功率液压扭力扳手　　　(f) YK中空式液压扳手

(g) 直柄六角敲击扳手　　　(h) 弯柄梅花扳手　　　(i) 重行套筒扳手

图 1.15　其他类型的扳手

（六）钢锯

钢锯是用来切割电线管的工具,如图 1.16 所示。锯弓用来张紧锯条,分固定式和可调式两种,常用的是可调式。锯条根据锯齿的牙锯大小,分为粗齿、中齿和细齿三种,常用的一种规格为 300 mm。

图 1.16　钢锯

知识链接二　专用电工工具

一、手电钻

手电钻是一种头部有钻头、内部装有单相整流电动机、靠旋转来钻孔的手持电动工具,用来对金属、塑料和木头等材料进行钻孔,如图 1.17 所示。接通电源前,手电钻开关应先复位在"关"的位置上,并检查电线、插头、开关是否完好,以免使用时发生事故;操作者必须戴手套操作。

二、喷灯

喷灯是一种利用喷射火焰对工件进行加热的工具,常用于锡焊时加热烙铁或工件。在电工操作中,制作电力电缆终端头、中间接头及焊接电力电缆接头时,都要使用喷灯。

按照使用燃料的不同,喷灯分为煤油喷灯和汽油喷灯两种,使用时千万不得将汽油加入到煤油喷灯中或者将煤油加入到汽油喷灯中。煤油喷灯的外形结构如图 1.18 所示。

图 1.17　手电钻

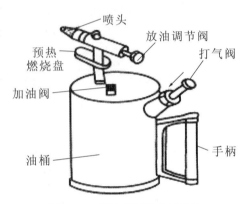

图 1.18　煤油喷灯的外形结构

 操作实践

1. 实施器材
(1) 氖管式验电笔一只/人。
(2) 数字式验电笔一只/人。
(3) 钢丝钳、尖嘴钳、斜口钳、剥线钳一套/组。
(4) 电工刀、活络扳手一套/组。
2. 实施步骤
(1) 氖管式验电笔的操作
操作提示:先验电笔,后验电;注意握笔姿势。
操作题目 1:测试交流电源插孔、导线、开关是否带电。
操作题目 2:测试交流电源线,区分相线与零线。
操作要求:观察氖管发光情况,指出导线属性。
操作题目 3:测试异步电动机机壳。
操作要求:观察氖管发光情况,给出机壳是否漏电的结论。
注意事项:在测量时,验电者应注意安全,防止触电;同组内成员也应注意协同保护。
(2) 螺钉旋具的操作
操作提示:旋进用力要适度;注意安全,防止触电。
操作题目:螺钉旋具握法,如图 1.19 所示,用螺钉旋具拆解接线端子。
操作要求:螺钉要保持垂直旋进,不能用旋具捶打螺钉。

（3）电工用钳的操作

操作题目1：钢丝钳握法，如图1.20所示，用钳刀口剪断截面积2.5 mm² 的 BLV 导线，用钳口弯直角线形。

操作要求：导线是剪断而不是折断，断口与绝缘层要平齐；线形的弯角要呈90°。

操作题目2：尖嘴钳握法，如图1.21所示，用钳嘴固紧、起松电源箱内的接地螺母。

操作要求：紧固不仅要牢靠，而且钳头不要磨圆螺母的六角。

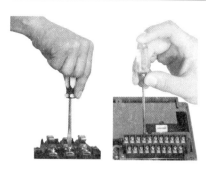

图1.19　螺钉旋具的握法

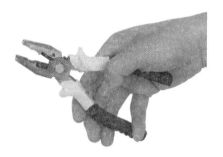

图1.20　钢丝钳的握法

图1.21　尖嘴钳的握法

操作题目3：斜口钳握法，如图1.22所示，用斜口钳整理线路板上的元件引脚。

操作要求：元件引脚要平整，高低一致。

操作题目4：剥线钳握法，如图1.23所示，选取多种线径导线，用剥线钳剥离其端部的绝缘层。

操作要求：根据线径选择剥线钳的刃口，不要割伤线芯；线芯裸露的长短要适度。

图1.22　斜口钳的握法

图1.23　剥线钳的握法

（4）电工刀的操作

操作提示：刀口应朝外，以免伤人；刀口应稍微放平，以免割伤线芯。

操作题目：电工刀握法，如图 1.24 所示，用电工刀削割导线的绝缘层。

操作要求：绝缘层削割要规整、长短适度，不伤线芯；用后应将刀身及时折回刀柄内。

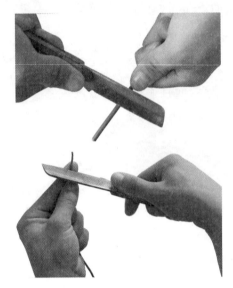

图 1.24　电工刀握法

（5）扳手的操作

操作提示：活络扳手的开口调节应能夹住螺栓，又能方便提取扳手、转换角度。

操作题目：活络扳手的操作，如图 1.25 所示，用活络扳手拆卸交流电动机底脚螺栓。

操作要求：根据底脚螺栓的大小选择相应规格的活络扳手；正确调节扳手开口。

图 1.25　活络扳手的操作

3. 操作考核与评价

常用电工工具操作的考核如表 1.1 所示。

表 1.1　常用电工工具操作的考核

项目内容	分值	评分标准	自评	互评	教师评
验电笔的使用	25	① 正确握法　5 分 ② 相线和零线的判断　10 分 ③ 其他用途　10 分			
螺钉旋具的使用	15	① 正确选用　5 分 ② 正确握法　5 分 ③ 旋进、旋出操作　5 分			
电工用钳的使用	25	① 正确握法　5 分 ② 剪、弯、剥、紧固、起松操作　20 分			
电工刀的使用	10	① 正确握法　5 分 ② 割削操作　5 分			
活络扳手的使用	15	① 正确选用　5 分 ② 正确握法　5 分 ③ 紧固、起松操作　5 分			
安全、文明操作	10	违反一次　扣 5 分			
定额时间	25 min	每超过 5 min　扣 10 分			
开始时间		结束时间		总评分	

项目小结

常用的电工工具有螺钉旋具、电工刀、钢丝钳、扳手、压线钳、验电笔、剥线钳等。

习题

1. 电工刀有哪些用途?
2. 验电笔的作用是什么? 简述其使用方法。
3. 简述剥线钳的使用方法。
4. 常用的电工工具有哪些?
5. 在使用验电器时,有哪些注意事项?

项目二　导线的处理

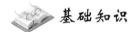

知能目标

1. 知识目标
(1) 了解导线绝缘层处理的方法。
(2) 了解导线连接的方法。
(3) 了解导线包扎的方法。
2. 技能目标
能熟练地完成导线绝缘层的剖削、连接及包扎。

基础知识

知识链接　导线的处理

一、导线的剖削方法

导线的处理主要有绝缘层的处理、导线的连接及导线绝缘强度的恢复等。

导线绝缘层的剖削方法有很多，一般有电工刀剖削、钢丝钳或尖嘴钳剖削和剥线钳剖削等。

（一）塑料硬导线绝缘层的剖削

塑料硬导线绝缘层的剖削分为导线端头绝缘层的剖削和导线中间绝缘层的剖削。导线端头的剖削通常采用电工刀，但截面积 4 mm² 及以下的塑料硬线绝缘层用尖嘴钳或剥线钳剖削。其剖削方法如图 2.1 所示。

导线中间绝缘层的剖削只能采用电工刀，其剖削方法如图 2.2 所示。

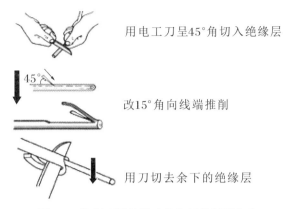

用电工刀呈45°角切入绝缘层

改15°角向线端推削

用刀切去余下的绝缘层

图 2.1　塑料硬导线端头绝缘层的剖削方法

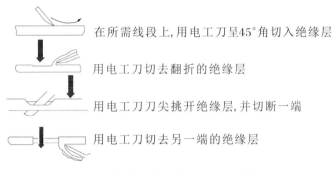

在所需线段上,用电工刀呈45°角切入绝缘层

用电工刀切去翻折的绝缘层

用电工刀刀尖挑开绝缘层,并切断一端

用电工刀切去另一端的绝缘层

图 2.2　塑料硬导线中间绝缘层的剖削方法

(二) 塑料软线绝缘层的剖削

塑料软线绝缘层的剖削通常使用剥线钳或尖嘴钳,一般适用于截面积不大于 2.5 mm² 的导线。其方法如图 2.3 所示。

左手拇、食指捏紧线头　　　按所需长度,用钳头刀口轻切绝缘层　　　迅速移动钳头,剥离绝缘层

图 2.3　塑料软线绝缘层的剖削方法

(三) 塑料护套线绝缘层的剖削

塑料护套线绝缘层的剖削通常使用剥线钳或尖嘴钳,一般适用于截面积不大于 2.5 mm² 的导线。其方法如图 2.4 所示。

(四) 橡胶软电缆线绝缘层的剖削

橡胶软电缆线绝缘层的剖削通常使用剥线钳或尖嘴钳,一般适用于截面积不大于 2.5 mm² 的导线。其方法如图 2.5 所示。

所需长度界线
用刀尖划破凹缝护套层　　　　　剥开已划破的护套层　　　　　翻开护套层并切断

图 2.4　塑料护套线绝缘层的剖削方法

用刀切开护套层　　　　　剥开已切开的护套层　　　　　翻开护套层并切断

图 2.5　橡胶软电缆线绝缘层的剖削方法

二、导线连接方法

需连接的导线种类和连接形式不同，其连接的方法也不同。常用的连接方法有绞合连接、紧压连接、焊接等。连接前应小心地剥除导线连接部位的绝缘层，注意不可损伤其芯线。

（一）绞合连接

绞合连接是指将需连接导线的芯线直接紧密绞合在一起。铜导线常用绞合连接。

1. 单股硬导线的连接

单股硬导线的直线连接方法如图 2.6 所示，单股硬导线的分支连接方法如图 2.7 所示。

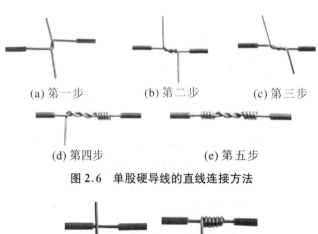

(a) 第一步　　　　(b) 第二步　　　　(c) 第三步

(d) 第四步　　　　(e) 第五步

图 2.6　单股硬导线的直线连接方法

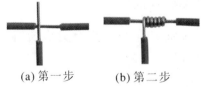

(a) 第一步　　　　(b) 第二步

图 2.7　单股硬导线的分支连接方法

2. 多股导线的连接

多股导线的连接方法也有直线连接和分支连接之分。多股导线的直接连接方法如图 2.8 所示。

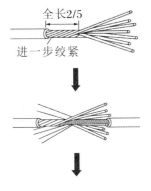

① 把剖削绝缘层切口约全长2/5处的线芯进一步绞紧,接着使余下的线芯松散呈伞状。

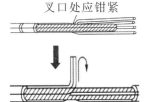

② 把两伞状线芯隔股对叉,并插到底。

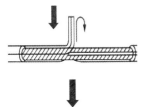

③ 捏平叉入后的两侧所有芯线,并理直每股芯线,使每股芯线的间隔均匀;用钢丝钳钳紧叉口处,消除空隙。

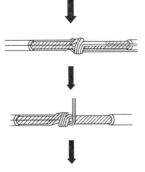

④ 将导线一端距芯线叉口中线的3根单股芯线折起,呈90°(垂直于下边多股芯线的轴线)。

⑤ 先按顺时针方向紧绕2圈后,再折回90°,并平卧在扳起前的轴线位置。

⑥ 将紧挨平卧的另2根芯线折成90°,再按第⑤步方法进行操作。

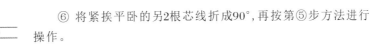

⑦ 把余下的3根芯线按第⑤步方法缠绕到第2圈后,在根部剪去多余的芯线,并钳平;接着将余下的芯线缠绕3圈后,剪去多余端,钳平切口,不留毛刺。

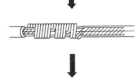

⑧ 另一侧按前述④~⑦步方法进行加工,注意缠绕的线圈两侧要垂直于下边芯线的轴线,并应使每2圈(或3圈)间紧缠紧挨。

图 2.8　多股硬导线的直线连接方法

多股导线的分支连接方法如图 2.9 所示。

(二) 紧压连接

紧压连接是指用铜或铝套管套在被连接的芯线上,再用压接钳或压接模具压紧套管使芯线保持连接。铜导线(一般是较粗的铜导线)和铝导线都可以采用紧压连接,铜导线的连接应采用铜套管,铝导线的连接应采用铝套管。紧压连接前应先清除导线芯线表面和压接套管内壁上的氧化层和黏附污物,以确保接触良好。

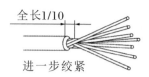

全长1/10

进一步绞紧

① 把支线线头离绝缘层切口根部约1/10的一段芯线进一步绞紧,并使余下9/10的线芯松散呈伞状。

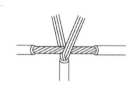

② 用螺丝刀插入芯线股间,并将分成均匀两组中的一组芯线插入干线芯线的缝隙中,同时移正位置。

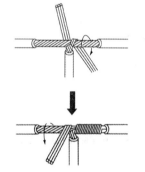

③ 先钳紧干线插入口处,接着将一组芯线在干线芯线上按顺时针方向垂直紧紧排绕,剪去多余端,不留毛刺。

④ 另一组芯线按第③步紧紧排绕,同样剪去多余端,不留毛刺。注意:每组芯线绕至离绝缘层切口处5 mm左右为止,多余端剪去。

图2.9　多股硬导线的分支连接方法

压接套管截面有圆形和椭圆形两种。圆截面套管内可以穿入一根导线,椭圆截面套管内可以并排穿入两根导线。在对机械强度有要求的场合,可在每端压两个坑,如图2.10所示。对于较粗的导线或机械强度要求较高的场合,可适当增加压坑的数目。

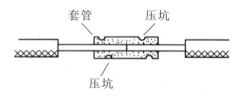

套管　　压坑

压坑

图2.10　圆截面套管的紧压连接

(三)导线与接线桩头的连接

导线与接线桩头的连接方式有螺钉式连接、针孔式连接、瓦形接线桩式连接等。

1．螺钉式连接

螺钉式连接具体操作方法如图2.11所示。

2．针孔式连接

针孔式连接具体操作方法如图2.12所示。将导线端头芯线插入承接孔,拧紧压紧螺钉。

3．瓦形接线桩式连接

瓦形接线桩式连接具体操作方法如图2.13所示。

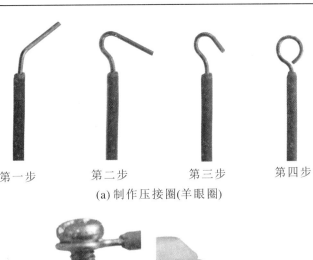

第一步　　　　第二步　　　　第三步　　　　第四步

(a) 制作压接圈(羊眼圈)

第一步　　　　　　　　　　第二步

(b) 按顺时针方向压接导线

图 2.11　螺钉式连接

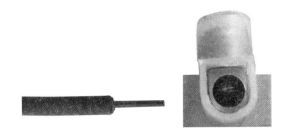

图 2.12　针孔式连接

(a) 单个线头连接方法　　　　　(b) 两个线头连接方法

图 2.13　瓦形接线桩式连接

三、导线的绝缘恢复

为了进行连接,导线连接处的绝缘层已被去除。导线连接完成后,必须对所有绝缘层已被去除的部位进行绝缘处理,以恢复导线的绝缘性能,恢复后的绝缘强度应不低于导线原有的绝缘强度。

导线连接处的绝缘处理通常采用绝缘胶带进行缠裹包扎。一般电工常用的绝缘胶带有黄蜡带、涤纶薄膜带、黑胶布带、塑料胶带、橡胶胶带等。常用的绝缘胶带的宽度为 20 mm,使用较为方便。如图 2.14 所示。

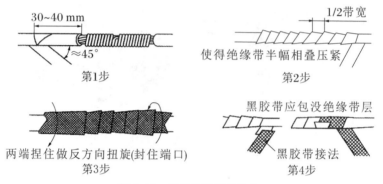

图 2.14　导线绝缘层的恢复

🐟 *操作实践*

1. 实施器材

(1) 各种导线一根/人。

(2) 钢丝钳、尖嘴钳、剥线钳、电工刀一套/组。

(3) 绝缘胶带一套/组。

2. 实施步骤

(1) 绝缘层的剖削操作

操作要求:刀口应朝外进行操作。

操作题目 1:截面积为 6 mm² 塑料硬单芯导线端头绝缘层的剖削。

操作方法:

第 1 步:根据所需线头的长度,确定电工刀的起始位置。

第 2 步:将刀口以 45°角切入塑料层;再将刀面与线芯呈 15°角向前推进,削出一条缺口。如图 2.15 所示。

第 3 步:将被剖开的绝缘层向后扳翻,用电工刀齐根切去。

操作题目 2:截面积为 2.5 mm² 塑料软单芯导线端头绝缘层的剖削。

操作要求:

第 1 步:根据所需线头的长度,确定电工刀的起始位置。

第 2 步:用钢丝钳钳口轻轻切破绝缘层表皮。

第3步:左手拉紧导线,右手适当用力握住钢丝钳头部,迅速向外勒去绝缘层。

(a) 刀呈45°角切入绝缘层　　　(b) 改15°角向线端推削　　　(c) 用刀切去余下的绝缘层

图 2.15　塑料硬单芯导线端头绝缘层的剖削

操作题目3:塑料护套线端头绝缘层的剖削。

操作要求:

第1步:如图2.16所示,按所需长度,用电工刀刀尖对准芯线缝隙,划开护套层。

第2步:向后将被划开的护套层翻起,用电工刀齐根切去。

第3步:将护套层内的两根线分开,采用操作题目2的方法或用剥线钳直接剥离层内导线端头的绝缘层。

(a) 划破护套层　　　　　　(b) 翻开护套层并切断

图 2.16　塑料护套线端头绝缘层的剖削

(2) 导线的连接操作

操作题目1:单股硬导线的直接连接。

操作题目2:单股硬导线的分支连接。

操作题目3:螺钉式连接。

第1步:如图2.17所示,制作压接圈(羊眼圈)。

第2步:如图2.18所示,按顺时针方向压接导线。

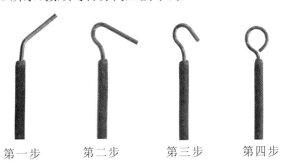

第一步　　　　第二步　　　　第三步　　　　第四步

图 2.17　制作压接圈(羊眼圈)

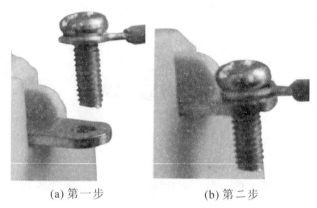

(a) 第一步　　　　　　　　(b) 第二步

图 2.18　压接羊眼圈

操作题目 4:针孔式连接。

如图 2.19 所示,将导线端头芯线插入承接孔,拧紧压紧螺钉。

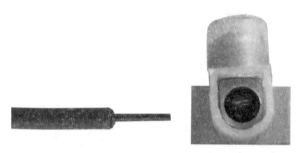

图 2.19　针孔式连接

操作题目 5:瓦形接线桩式连接。

第 1 步:如图 2.20 所示,将单导线端头芯线弯成 U 形,拧紧瓦形垫圈。

第 2 步:将双导线端头芯线弯成 U 形,拧紧瓦形垫圈。

(a) 单个线头连接方法　　　　　　(b) 两个线头连接方法

图 2.20　瓦形接线桩式连接

(3) 导线的包扎

操作方法:如图 2.21 所示。

第 1 步:用黄蜡带或涤纶薄膜带从导线左侧的完好绝缘层上开始顺时针包裹。

第 2 步:进行包裹时,绝缘带与导线应保持 45°的倾斜角并用力拉紧,使得绝缘带半幅相叠压紧。

第 3 步:包至另一端时也必须包入与始端同样长的绝缘层,然后接上黑胶带,黑胶带包出绝缘带至少半根带宽,即必须使黑胶带完全包没绝缘带。

第 4 步:黑胶带的包缠不应过疏或过密,包到另一端时必须完全包没绝缘带,收尾后应用双手的拇指和食指紧捏黑胶带两端口,按一正一反方向拧紧,利用黑胶带的黏性,将两端口充分密封起来。

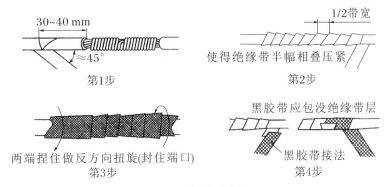

图 2.21 导线的包扎

3. 操作考核与评价

导线处理的考核如表 2.1 所示。

表 2.1 导线处理的考核

任务内容	分值	评分标准	自评	互评	教师评
绝缘层的剖削	40	① 塑料硬单芯导线端头绝缘层的剖削 15 分 ② 塑料软单芯导线端头绝缘层的剖削 15 分 ③ 塑料护套线端头绝缘层的剖削 10 分			
导线的连接	30	① 单股硬导线的直接连接 10 分 ② 单股硬导线的分支连接 10 分 ③ 螺钉式及针孔式连接 5 分 ④ 瓦形接线桩式连接 5 分			
导线的包扎	20	① 绝缘带的选用 5 分 ② 绝缘带的包裹 15 分			
安全、文明操作	10	违反一次 扣 5 分			
定额时间	20 min	每超过 5 min 扣 10 分			
开始时间		结束时间		总评分	

项目小结

导线绝缘层的剥离与恢复、导线的连接是电工最基本的技能之一。

导线连接的步骤是:导线绝缘层的剥离;导线的连接;导线绝缘层的恢复。

　　导线的剥离是指用专用工具(如剥线钳、电工刀、尖嘴钳等)将导线的绝缘层剥离的工艺过程。

　　导线绝缘层的恢复是指将损坏或者连接后的导线用绝缘胶布重新恢复其绝缘性能的工艺过程。

 习 题

　　1. 可以用哪些工具剥离导线的绝缘层？

　　2. 如何连接导线接头？

　　3. 导线连接有哪几种方法？

　　4. 铜导线和铝导线在紧压连接时有哪些方法？

　　5. 导线接头与接线桩的连接方式有哪些？

　　6. 如何正确恢复导线的绝缘层？

　　7. 导线的处理包括哪几个步骤？

　　8. 压接套管截面有哪两种？

项目三　三相异步电动机的拆装

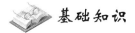

知能目标

1. 知识目标
(1) 了解三相异步电动机的结构,能正确地选择电动机的防护形式。
(2) 熟悉三相异步电动机的接线盒,掌握接线板的接线要求及接线形式。
(3) 熟悉三相异步电动机的铭牌,掌握电动机的型号及主要技术数据。
2. 技能目标
能熟练地对小型三相异步电动机进行拆装。

基础知识

知识链接一　三相异步电动机的结构

在对三相异步电动机进行检修和保养时,经常需要拆装电动机,如果拆装操作不当,就会损坏零部件,因此,只有掌握正确的拆装与装配技术,才能保证电动机的正常运行和检修质量。三相异步电动机主要由定子和转子两个基本部分组成。图 3.1 是一台封闭式笼形异步电动机结构图。

一、定子

三相异步电动机的定子主要由定子铁芯、定子绕组、机座、端盖和轴承构成。

(一) 定子铁芯

作为主磁路的一部分,定子铁芯固定在机座的内腔里,一般由 0.35～0.5 mm 厚、表面具有绝缘层的硅钢片冲制、叠压而成。如图 3.2 所示。

图 3.1　封闭式笼形异步电动机结构图

（二）定子绕组

作为主要电路部分,定子绕组由许多线圈连接而成,每个线圈有两个有效边,分别放于两个槽内,各线圈按照一定规律连接成三相绕组。中小型电动机绕组一般采用高强度漆包圆铜线绕制而成。如图 3.3 所示。

图 3.2　定子铁芯

图 3.3　定子绕组

（三）机座

机座用来固定和支撑定子铁芯,并通过两侧的端盖和轴承来支撑电动机的转子,同时可保护整台电动机的电磁部分和发散电动机运行中产生的热量。如图 3.4 所示。

（四）端盖

借助置于端盖内的滚动轴承将电动机转子和机座联成一个整体。如图 3.5 所示。

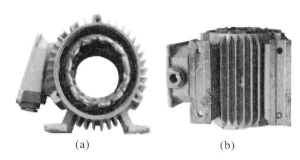

(a) (b)

图 3.4 定子机座

图 3.5 定子端盖

二、转子

转子由转子铁芯、转子绕组、转轴等构成。如图 3.6 所示。

（一）转子铁芯

作为主磁路的一部分,转子铁芯一般用 0.35～0.5 mm 厚的硅钢片冲制叠压而成。如图 3.7 所示。

图 3.6 转子结构   图 3.7 转子铁芯

（二）转子绕组

1. 笼型转子绕组

笼型转子绕组是在转子铁芯的每个槽内放入一根导体,在伸出铁芯的两端分别用两个导电端环把所有的导条连接起来,形成一个自行闭合的短路绕组。如果去掉铁芯,剩下的绕组就像一个松鼠笼子,所以称之为笼型绕组。在生产实际中,为了改善笼型异步电动机的电磁性能,笼型转子铁芯槽和导条都是斜的。如图3.8所示。

2. 绕线转子绕组

绕线转子绕组与定子绕组相似,也是一个对称的三相绕组,一般接成星形,三个出线头接到转轴的三个集电环上,再通过电刷与外电路连接。如图3.9所示。

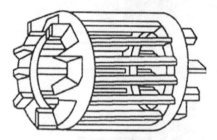 

图3.8　笼型转子绕组结构示意图　　　　图3.9　绕线型转子

(三) 转轴

转轴是支撑转子铁芯和输出转矩的部件,一般用中碳钢车削加工而成,轴伸端铣有键槽,用来固定传送带轮或联轴器。

知识链接二　三相异步电动机的工作原理

在定子绕组中通入三相交流电流时,便形成旋转磁场。它以同步转速 n_1 按顺时针方向旋转,如图3.10所示。图中虚线为某一瞬间的磁场。静止的转子导体切割旋转磁场而产生感应电动势,按右手定则可以确定电动势的方向(相当于旋转磁场固定不动,转子按逆时针旋转)。由于转子绕组是一个短路绕组,感应电动势在绕组中产生电流,电流方向是上半部流出纸面,下半部流入纸面。转子电流与旋转磁场相互作用在转子上形成电磁力(可按左手定则确定其方向),电磁力作用在转子上形成电磁转矩,使转子以转速 n 按旋转磁场方向旋转。如果要改变转子的转向,只需对调任意两根电源线,就可使旋转磁场改变转向,电动机即可反转。

如果定子对称三相绕组被施以对称的三相电压,就有对称的三相电流流过,并且会在电机的气隙中形成一个旋转磁场,这个磁场的转速 n_1 称为同步转速,它与电网的频率 f_1 及电机的极对数 p 的关系为 $n_1 = 60 \times f_1/p$,旋转磁场的转向与三相绕组的排列及三相电流的相序有关,图3.10中 X、Y、Z 以逆时针方向排列,当定子绕组中通入 X、Y、Z 相序的三相电流时,定子旋转磁场为顺时针转向。由于转子是静止的,转子与旋转磁场之间有相对运动,转子导体因切割定子磁场而产生感应电动势,因转子绕组自身闭合,转子绕组内便有电流流过。转子有功电流与转子感应电动势同相位,其方向可由右手定则确定。载有有功分量电流的转子绕组在定子旋转磁场作用下,将产生电磁力,其方向由左手定则确定。电磁力对转轴形成一个电磁转矩,其作用方向与旋转磁场方向一致,拖着转子顺着旋转磁场的方向旋转,将输入的电能转换为旋转的机械能。如果电动机轴上带有机械负载,则机械负载随着电动机的旋转而旋转,电动机对机械负载做功。

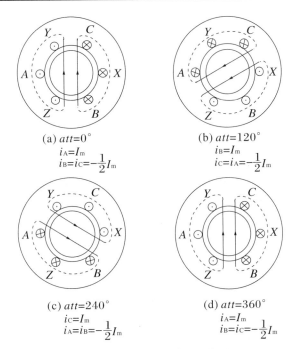

图 3.10 三相异步电动机工作原理

综上分析可知,三相异步电动机转动的基本工作原理是:

(1) 三相对称绕组通入三相对称电流产生圆形旋转磁场。

(2) 转子导体切割旋转磁场产生感应电动势和电流。

(3) 转子载流导体在磁场中受到电磁力的作用,从而形成电磁转矩,驱使电动机转子转动。

异步电动机的旋转方向始终与旋转磁场的旋转方向一致,而旋转磁场的方向又取决于异步电动机的三相电流相序,因此,三相异步电动机的转向与电流的相序一致。要改变转向,只需改变电流的相序即可,即任意对调电动机的两根电源线,便可使电动机反转。

异步电动机的转速恒小于旋转磁场的转速 n_1,因为只有这样,转子绕组才能产生电磁转矩,使电动机旋转。如果 $n = n_1$,转子绕组与定子磁场之间便无相对运动,则转子绕组中无感应电动势和感应电流的产生,可见 $n < n_1$ 是异步电动机的必要条件。由于电动机转速 n 与旋转磁场转速 n_1 不同步,故称为异步电动机。因为异步电动机转子电流是通过电磁感应作用产生的,所以又称为感应电动机。

知识链接三 三相异步电动机的铭牌

铭牌是三相异步电动机的重要标示,是安装和维修电动机的重要依据,如图 3.11 所示。

一、型号

国家标准《电机产品型号编制方法》(GB 4833 — 84)中规定:中小型交流异步电动机的

型号一般应由 6 个部分组成,下面以型号为 YD2-160M2-2/4 WF 的电动机为例,按前后顺序介绍这 6 个部分的具体规定和有关内容。

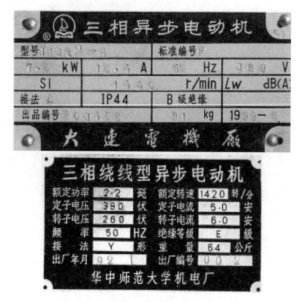

图 3.11　三相异步电动机的铭牌

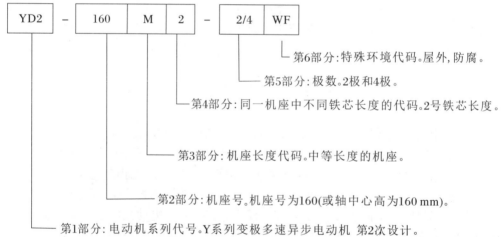

第6部分:特殊环境代码。屋外,防腐。

第5部分:极数。2极和4极。

第4部分:同一机座中不同铁芯长度的代码。2号铁芯长度。

第3部分:机座长度代码。中等长度的机座。

第2部分:机座号。机座号为160(或轴中心高为160 mm)。

第1部分:电动机系列代号。Y系列变极多速异步电动机 第2次设计。

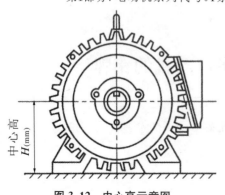

图 3.12　中心高示意图

（1）第 1 部分为电动机系列代号,第一个字母一般为 Y,普通单速电动机则只用这一个字母,其他系列的电动机则在 Y 的后面加上表示其特征的 1～3 个字母。

（2）第 2 部分为机座号,以中心高表示,单位为 mm。如图 3.12 所示。

（3）第 3 部分为机座长度代码。一般分 3 个档次,即长、中、短,分别用 L、M、S 表示。如图 3.13 所示。

（4）第4部分为同一机座中不同铁芯长度的代码。用数字1,2,3,…表示,机座号越大,铁芯越长,功率越大。如图3.14所示。

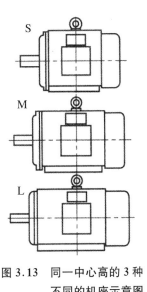

图3.13 同一中心高的3种不同的机座示意图

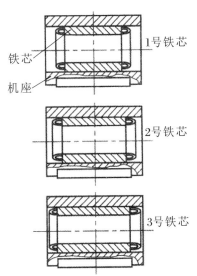

图3.14 同一机座中3种不同长度的铁芯示意图

（5）第5部分为极数。用数字形式给出该电动机定子磁场的极数,如2极、4极等。当电动机为多速电动机时,用"/"将各极数分开,例如本例为2/4。

（6）第6部分为特殊环境代码。用特定的字母表示该电动机可适用的特殊工作环境。如表3.1所示。

表3.1 特殊环境与代码

适用特殊环境	高原	船(海)	户外	化工防腐	热带	湿热带	干热带
代码	G	H	W	F	T	TH	TA

二、额定功率(P_N)

电动机在额定运行时,轴上输出的机械功率,一般用千瓦(kW)作单位,不足1 kW的有时用瓦(W)作单位。注意:额定功率(P_N)是机械功率,而不是电动机从电源侧输入的电功率。我国相关标准中确定的中小型电动机功率选取档次推荐值为(单位为kW):0.18、0.25、0.37、0.55、0.75、1.1、1.5、2.2、3、4、5.5、7.5、11、15、18.5、22、30、37、45、55、75、90、110、132、160、185、200、220、250、280、315、335等。

三、额定电压(U_N)

额定电压是保证电动机正常工作时所需要的电压,一般指加在定子绕组上的线电压,单位为V或kV。电动机所用实际电源电压一般应为额定值的95%～105%。注意:额定电压是指定子绕组上的线电压,而不是相电压,应注意区分。

四、额定电流(I_N)

电动机在额定电压和额定频率下,输出额定功率时,定子绕组中的线电流,单位为 A 或 kA。

五、额定频率(f_N)

额定频率是保证定子同步转速为额定值的电源频率,单位为 Hz。对普通交流电动机,我国使用的频率是 50 Hz。使用 50 Hz 的还有东南亚、大洋洲、欧洲和非洲等世界其他国家和地区,另外一些国家和地区(例如北美洲和日本)则使用 60 Hz。

六、额定转速(n_N)

电动机在额定电压、额定频率和额定功率的情况下电动机的转速,单位为 r/min。

七、接线方式

三相异步电动机的接线方式有星形接法和三角形接法两种。星形接法如图 3.15 所示,三角形接法如图 3.16 所示。

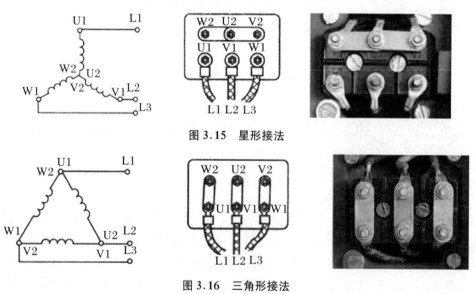

图 3.15　星形接法

图 3.16　三角形接法

八、绝缘等级

绝缘等级是指电动机绕组所用的绝缘材料的绝缘等级,它决定了电动机绕组的允许温升。电动机的允许温升与绝缘等级的关系如表 3.2 所示。绝缘等级是由电动机所用的绝缘材料决定的。按耐热程度不同,可将电动机的绝缘等级分为 A、E、B、F、H、C 等几个等级,它们允许的最高温度如表 3.2 所示。普通电动机常用 B 和 F 两个等级,个别要求较高的使用 H 级。

表 3.2　电动机的允许温升与绝缘等级的关系

绝缘耐热等级	A	E	B	F	H	C
绝缘材料允许的最高温度(℃)	105	120	130	155	180	>180
电动机的允许温升(℃)	60	75	80	100	125	>125

九、工作制

工作制是指电动机在工作时承受负载的情况,包括启动、加载运行、制动、空转或停转等以及这些阶段的时间安排及先后顺序。国家标准中规定了 10 种工作制,分别用 S1~S10 表示,其中 S1 为长期工作制,S2 为短时工作制,S3 为断续工作制。

十、温升

电动机的温升是指该电动机按其工作制的要求加满载或按规定的负载运行到热稳定状态时,其绕组的温度与环境温度的差值。

十一、防护等级

防护等级以 IPxy 的方式给出,其中 IP 是防护等级代码,x 代表防护固体能力,y 代表防液体的能力。表 3.3 和表 3.4 分别给出了目前国家标准规定的防护固体和液体能力规定。

表 3.3　外壳防固体的防护等级

防护等级	防护标准	防护等级	防护标准
0	无防护	4	防护直径大于 1 mm 的固体
1	防护直径大于 50 mm 的固体(如人手偶然或意外地触及)	5	防尘(进入的灰尘不影响正常运行)
2	防护直径大于 12 mm 的固体(如人的手指)	6	尘密(完全防止灰尘进入)
3	防护直径大于 2.5 mm 的固体		

表 3.4　外壳防水的防护等级

防护等级	防护标准	防护等级	防护标准
0	无防护	5	防喷水(任何方向)
1	防滴(垂直方向)	6	防海浪或强加喷水
2	15°防滴(与铅垂线呈 15°范围内)	7	浸水(在规定的压力和时间下)
3	防淋水(与铅垂线呈 60°范围内)	8	潜水(在规定的压力下)
4	防溅(任何方向)		

知识链接四　三相异步电动机的分类

一、按三相异步电动机的转子结构形式分类

按三相异步电动机的转子结构形式分类,三相异步电动机可分为鼠笼式电动机和绕线式电动机。如图 3.17 所示。

图 3.17　鼠笼式(左)和绕线式电动机(右)

二、按三相异步电动机的防护形式分类

按三相异步电动机的防护形式分类,三相异步电动机可分为开启式、防护式、封闭式、防爆式等形式。如图 3.18 所示。

　　(a) 开启式　　　　　(b) 防护式　　　　　(c) 封闭式　　　　　(d) 防爆式

图 3.18　各种防护形式的三相异步电动机

图 3.19　卧式和立式三相异步电动机

三、按三相异步电动机的安装结构形式分类

按三相异步电动机的安装结构形式分类,可分为卧式和立式三相异步电动机。如图 3.19 所示。

四、按三相异步电动机的绝缘等级分类

按三相异步电动机绝缘等级分类,可分为 E 级、B 级、F 级、H 级三相异步电动机。

五、按工作制分类

按三相异步电动机工作制分类,可分为连续三相异步电动机、断续三相异步电动机、间歇三相异步电动机。

 操作实践

1. 实施器材

（1）三相异步电动机型号 Y90S-4,额定功率为 1.1 kW,每组一台。

（2）木榔头、铁榔头、木棒,每组各一把。

（3）套筒式扳手或活络扳手,每组一套。

（4）十字螺丝旋具、一字螺丝旋具和改锥,每组各一把。

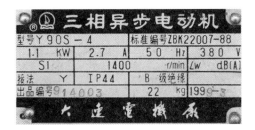

图 3.20 实训电动机铭牌

2. 实施步骤

操作题目 1:记录铭牌。

操作要求:电动机铭牌,如图 3.20 所示。认真观察并记录铭牌信息,记录至表 3.5 中。

表 3.5 三相异步电动机铭牌记录表

型号	额定功率	额定电压	额定电流	额定转速	额定频率	标准编号	噪声级
接法	绝缘等级	防护等级	工作制	生产厂名	出厂编号	生产日期	重量

操作题目 2:测量中心高及机座。

操作要求:用卷尺测量电动机转轴的中心端至底脚平面的高度,如图 3.21 所示。测量电动机底座的 A、B 尺寸（长与宽）,核对测量值是否与铭牌信息一致。

图 3.21 测量中心高及机座

操作题目 3:电动机的拆解。

操作要求:记录电动机拆解的顺序及铁芯数据,核对测量值是否与电工手册数据一致。按照电气钳工的工艺要求进行拆解,具体拆解过程如下:

（1）拆卸风罩

操作动作：松开风罩螺钉，取下风罩。如图 3.22 所示。

图 3.22　拆卸风罩

（2）拆卸风叶

操作动作：用尖嘴钳把转轴尾部风叶上的定位卡圈取下。用长杆螺丝刀插入风扇与后端盖的气隙中（要卡到轴面上），向后端盖方向用力，将风叶撬下。如图 3.23 所示。

图 3.23　拆卸风扇

（3）拆卸前端盖

操作动作：拆下前端盖的安装螺栓。用扁铲沿止口（机座端面的边缘）四周轻轻撬动，再用铁锤轻轻敲打端盖和机壳的接缝处，拆下前端盖。如图 3.24 所示。

图 3.24　拆卸前端盖

注意事项：拆端盖时，通常应先拆除负荷侧的端盖，即先拆除前端盖。为便于装配时复位，在端盖与机座接缝处的任意位置做好标记。

（4）拉出转轴

操作动作：拆下后端盖的安装螺栓，一名操作者握住轴伸出端，另一名操作者手托住后端盖和转子铁芯，将转子从定子中缓慢拉出。如图 3.25 所示。

注意事项：拆除后端盖前应先在转子与定子气隙间塞进薄纸垫，避免卸下端盖拉出转轴时擦伤硅钢片和绕组。

图 3.25　拉出转子

（5）拆卸后端盖

操作动作：把木楞垫放在后端盖的内侧边缘上，用锤子击打木楞，同时木楞沿后端盖四周移动，卸下后端盖。如图 3.26 所示。

图 3.26　拆卸后端盖

操作题目 4：电动机的装配。

操作要求：记录电动机装配的顺序。三相异步电动机的装配工艺与拆卸的顺序恰好相反，即先拆卸的部分后安装，最后拆卸的部分先安装，具体装配过程如下。

（1）安装后端盖

操作动作：将轴伸出端朝下垂直放置，在其端面处垫上木楞，用榔头敲打端盖靠近轴承的部位，敲击点应沿圆周均匀布置，以保证轴承与轴承室的同轴度，用力应适当。如图 3.27 所示。

图 3.27　安装后端盖

（2）穿入转子

操作动作：把转子对准定子内腔中心，小心地往里放，后端盖要对准机座的标记，旋上后端盖螺栓，但不要拧紧。如图3.28所示。

图3.28　穿入转子

（3）安装前端盖

操作动作：将前端盖放正后，先用木榔头轻轻敲击，使其与轴承产生一定的配合。再用榔头沿圆周方向对角一上一下或一左一右地敲击端盖，使其进入。按对角轮流将所有安装螺栓旋紧。注意察看端盖与机座端面的配合是否紧密，如有缝隙应调整安装螺栓。如图3.29所示。

图3.29　安装前端盖

（4）安装扇叶

操作动作：用木榔头将外风扇敲打装在电动机风扇轴伸上。用外卡圈将外风扇卡住。用手拨动扇叶或盘动轴伸，观察风扇是否有轴向摆动或蹭端盖现象。安装风罩时，各螺钉应受力均匀。如图3.30所示。

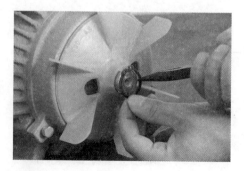

图3.30　安装扇叶

（5）安装风罩

安装风罩时，各螺钉应受力均匀。盘动轴伸，观察是否有扇叶蹭风罩现象。如图3.31所示。

图 3.31　安装风罩

操作题目5：通电试用。

操作要求：装配质量检查。

用手盘动转轴，使转子转动，应无滞停感（俗称"死点"），转动灵活，无蹭、扫膛和其他异常声音。如图3.32所示。

图 3.32　装配质量检查

3. 操作考核与评价

电动机拆装的考核如表3.6所示。

表 3.6　电动机拆装的考核

项目内容	分值	评分标准	自评	互评	教师评
记录铭牌，测量中心高	10	① 铭牌信息记录准确、全面　6分 ② 测量方法适当，测量值准确　2分 ③ 会进行数据比较和验证　2分			
电动机的拆解	40	① 拆解工序是否合理　5分 ② 拆解工艺是否合理　30分 ③ 会进行数据比较和验证　5分			
电动机的装配	40	① 装配工序是否合理　5分 ② 装配工艺是否合理　25分 ③ 装配质量检查　10分			
安全、文明操作	10	违反一次　扣5分			
定额时间	45 min	超过5 min　扣5分			
开始时间		结束时间		总评分	

项目小结

电动机是一种将电能转变为机械能的电机。电动机可以分为直流电动机和交流电动机两大类。应用最为广泛的是三相异步电动机。三相异步电动机按其转子类型又可以分为笼型和绕线型。

虽然三相异步电动机有很多种，但基本结构都是相同的，都主要由定子和转子两大部分组成，此外还有端盖、吊环、接线盒、轴承等。

三相异步电动机的工作原理：给三相异步电动机的定子绕组通入三相交流电，在电动机内部形成一个与三相电流的相序方向一致的旋转磁场。静止的转子与旋转磁场之间有相对运动，产生感应电动势，在转子中产生感应电流。有电流的导体在旋转磁场中又会产生电磁转矩，从而做与旋转磁场方向一致的旋转运动。

电动机的外壳上都有铭牌，铭牌上标明了电动机的规格和使用条件，在使用时要按照铭牌的条件和参数使用。

习题

1. 三相异步电动机由哪几部分组成？
2. 简述三相异步电动机的工作原理。
3. 三相异步电动机有哪几种分类方法？分别是如何分类的？
4. 三相异步电动机的主要参数有哪些？
5. 三相异步电动机的拆解有哪些步骤？

项目四　常用低压电器

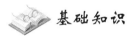知能目标

1. 知识目标
(1) 了解低压电器的分类形式。
(2) 熟悉常用低压配电电器、低压控制电器的外形与主要用途。
2. 技能目标
(1) 会正确选用低压配电电器。
(2) 掌握低压控制电器的选用方法。

基础知识

知识链接一　常用低压电器的作用和分类

一、低压电器的定义与作用

所谓低压电器指工作在交流 1200 V、直流 1500 V 额定电压以下的电路中，能根据外界信号（机械力、电动力和其他物理量），自动或手动接通和断开电路的电器。其作用是实现对电路或非电对象的切换、控制、保护、检测和调节。低压电器可分为手动低压电器和自动低压电器。随着电子技术、自动控制技术和计算机技术的飞速发展，自动电器越来越多，出现了一些新的智能技术和器件。然而，即使是在以计算机为主的工业控制系统中，继电—接触器控制技术仍占有相当重要的地位，因此低压电器是不可能完全被替代的。

二、低压电器的分类

常用的低压电器有刀开关、转换开关、自动开关、熔断器、接触器、继电器和主令电器等。图 4.1 所示的是几种常见的低压电器。低压电器的种类繁多，分类方法也很多，常见的分类方法见表 4.1。

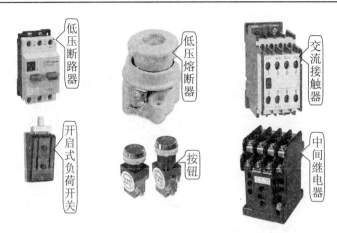

图 4.1　几种常用的低压电器

表 4.1　常见低压电器的分类方法

分类方法	类　　别	说明及用途
按低压电器的用途和所控制的对象分	低压配电电器	在供电系统中进行电能的输送、分配和保护的电器,如低压断路器、隔离开关、刀开关、自动开关等
	低压控制电器	用于生产设备自动控制系统中进行控制、检测和保护,如接触器、继电器、电磁铁等
按低压电器的动作方式分	自动切换电器	依靠电器本身参数的变化或外来信号的作用,自动完成接通或分断等动作的电器,如接触器、继电器等
	非自动切换电器	主要依靠外力(如手控)直接操作来进行切换的电器,如按钮、低压开关等
按低压电器的执行机构分	有触点电器	具有可分离的动触点和静触点,主要利用触点的接触和分离来实现电路的接通和断开控制,如接触器、继电器等
	无触点电器	没有可分离的触点,主要利用半导体元器件的开关效应来实现电路的通断控制,如接近开关、固态继电器等

知识链接二　主令电器

　　主令电器是在自动控制系统中发出指令和信号的操纵电器。主要用来切换和控制电路。常用的主令电器有按钮开关、位置开关、万能转换开关和主令控制器等。

一、按钮

　　按钮是一种结构简单、使用广泛的手动主令电器。在低压控制电路中,它可以用来发出手动指令远距离控制其他电器,再由其他电器去控制主电路或转移各种信号,也可以直接用来转换信号电路和电器联锁电路等。

（一）按钮的型号与含义

按钮的型号和含义如图 4.2 所示。

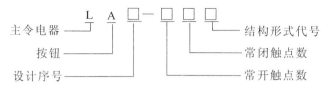

图 4.2　按钮的型号与含义

常用按钮的型号有 LA4、LA10、LA18、LA19、LA25 等系列，如图 4.3 所示。

图 4.3　常用按钮的外形

（二）按钮的结构

按钮的结构主要由静触点、动触点、复位弹簧、按钮帽、外壳等组成，如图 4.4 所示。

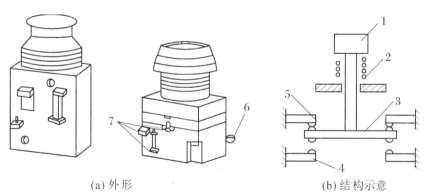

(a) 外形　　　　　　　　　　　(b) 结构示意

1—按钮帽；2—复位弹簧；3—动触点；4—常开触点的静触点；5—常闭触点的静触点；6,7—触点接线桩

图 4.4　按钮的结构

（三）按钮的符号

按钮按用途和触头的结构不同可以分为停止按钮、启动按钮及复合按钮，其图形和文字符号如图 4.5 所示。

（四）按钮的选用

(1) 根据使用场合和具体用途选择按钮开关的种类。

(2) 根据工作状态指示和工作情况要求，选择按钮和指示灯的颜色。启动按钮选用绿色或黑色,停止或紧急停止按钮选用红色。

（3）根据用途选择合适的形式。

（4）根据控制回路的需要确定按钮数。

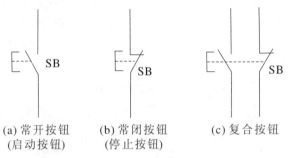

(a) 常开按钮　　　　　(b) 常闭按钮　　　　(c) 复合按钮
　(启动按钮)　　　　　　(停止按钮)

图 4.5　按钮的图形和文字符号

（五）按钮的安装

（1）按钮安装在面板上时,应布置整齐,排列合理,如根据电动机启动的先后顺序,从上到下或从左到右排列。

（2）同一机床运动部件有几种不同的工作状态时（如上、下、前、后、松、紧等）,应把每一对相反状态的按钮安装在一组。

（3）按钮的安装应牢固,安装按钮的金属板或金属按钮盒必须可靠接地。

（4）由于按钮的触点间距较小,如有油污等极易发生短路故障,因此应注意保持触点间清洁。

看一看:扫二维码,观看按钮的动画讲解视频。

按钮开关

二、行程开关

行程开关又称位置开关或限位开关。它的作用和按钮相同,只是其触头的动作不是靠手按而是利用生产机械中的运动部件的碰撞（利用运动部件上的挡块碰压而使触头动作）。

（一）行程开关的型号与含义

行程开关的型号与含义如图 4.6 所示。

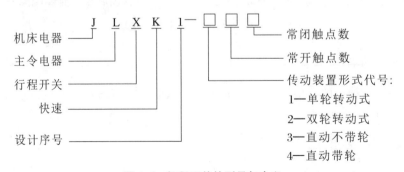

机床电器　　　J
主令电器　　　　L
行程开关　　　　　X
快速　　　　　　　　K
设计序号　　　　　　1

常闭触点数
常开触点数
传动装置形式代号:
1—单轮转动式
2—双轮转动式
3—直动不带轮
4—直动带轮

图 4.6　行程开关的型号与含义

（二）行程开关的结构

行程开关的种类很多，按动作方式分为瞬动型和蠕动型；按其头部结构可分为直动式（如 LX1、JLXK1 系列）、滚轮式（如 LX2、JLXK2 系列）和微动式（如 LXW-11、JLXK1-11 系列）3 种。图 4.7 所示分别为直动式、滚轮式和微动式行程开关的结构图。

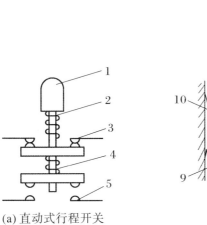
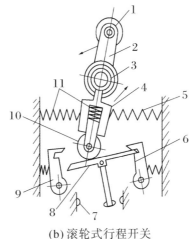

(a) 直动式行程开关　　　　　　　　　　(b) 滚轮式行程开关

1—顶杆;2—弹簧;3—常闭触点;　　　　1—滚轮;2—上轮臂;3、5、11—弹簧;4—套架;
4—触点弹簧;5—常开触点　　　　　　　6、9—压板;7—触点;8—触点推杆;10—小滑轮

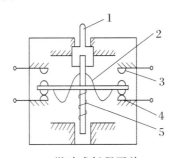

(c) 微动式行程开关

1—推杆;2—弯形片状弹簧;3—常开触点;4—常闭触点;5—复位弹簧

图 4.7　直动式、滚轮式和微动式行程开关的结构图

（三）行程开关的符号

行程开关的图形和文字符号如图 4.8 所示。

(a) 常开触点　　　　　(b) 常闭触点　　　　　(c) 复合触点

图 4.8　行程开关的图形和文字符号

（四）行程开关的选用

（1）根据使用场合及控制对象选择种类。
（2）根据安装环境选择防护形式。
（3）根据控制回路的额定电压和额定电流选择系列。
（4）根据行程开关的传力与位移关系选择合理的操作头形式。

（五）行程开关的安装

（1）行程开关安装时，安装位置要准确，安装要牢固，滚轮的方向不能装反。
（2）挡铁与其碰撞的位置应符合控制线路的要求，并确保能可靠地与挡铁碰撞。

看一看：扫二维码，分别观看直动式（按钮式）、滚轮式和微动式行程开关动画讲解视频。

直动式（按钮式）行程开关　　　滚轮式行程开关　　　微动式行程开关

知识链接三　熔　断　器

熔断器是低压配电系统和电力拖动系统中常用的安全保护电器，主要用于短路保护，有时也可用于过载保护。主体是用低熔点的金属丝或金属薄片制成的熔体，串联在被保护电路中。在正常情况下，熔体相当于一根导线；当电路短路或过载时，电流很大，熔体因过热而熔化，从而切断电路起到保护作用。低压熔断器具有结构简单、价格便宜、动作可靠和使用维护方便等优点。

一、熔断器的分类

低压熔断器按结构分可以分为半封闭插入式熔断器、有填料螺旋式熔断器、有填料封闭管式熔断器和无填料封闭管式熔断器。按用途分可以分为一般工业用熔断器、保护硅元件用快速熔断器、具有两段保护特性的快慢动作熔断器以及特殊用途熔断器（自复式熔断器和直流引用熔断器）。

二、熔断器的型号

熔断器的型号与含义如图4.9所示。

三、熔断器的符号

熔断器图形和文字符号如图 4.10 所示。

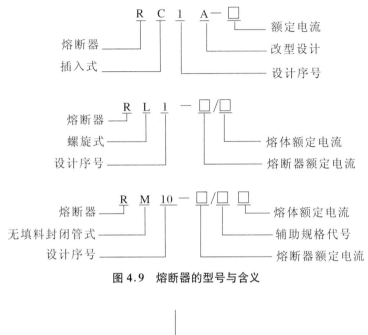

图 4.9　熔断器的型号与含义

图 4.10　熔断器的图形和文字符号

四、常用的熔断器

常用的熔断器有瓷插式、螺旋式、无填料封闭管式、有填料封闭管式(快速熔断器等),常用熔断器的结构如图 4.11 所示。

五、熔断器的技术数据

(1) 额定电压:熔断器长期工作能够承受的最大电压。
(2) 额定电流:熔断器(绝缘底座)允许长期通过的电流。
(3) 熔体的额定电流:熔体长期正常工作而不熔断的电流。
(4) 极限分断能力:熔断器所能分断的最大短路电流。

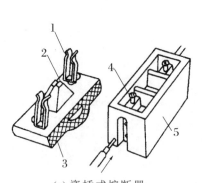
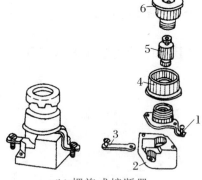

(a) 瓷插式熔断器　　　　　　　(b) 螺旋式熔断器
1—动触点；2—熔丝；3—瓷盖；　　1—上接线柱；2—瓷底；3—下接线柱；
4—静触点；5—瓷底　　　　　　　4—瓷套；5—熔芯；6—瓷帽

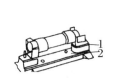

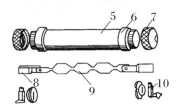

(c) 无填料封闭管式熔断器
1—夹座；2—底座；3—熔断器；4—夹座；5—硬质绝缘管；6—黄铜套管；
7—黄铜帽；8—插刀；9—熔体；10—夹座

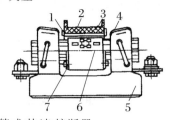

(d) 有填料封闭管式(快速)熔断器
1—熔断指示器；2—硅砂(石英砂填料)；3—熔丝；
4—插刀；5—底座；6—熔体；7—熔管

图4.11　常用熔断器的结构

六、熔断器的选用

熔断器用于不同性质的负载,其熔体的额定电流的选用方法也不同。

(1) 熔断器类型的选择:其类型应根据线路的要求、使用场合和安装条件选择。

(2) 熔断器额定电压的选择:其额定电压应大于或等于线路的工作电压。

(3) 熔断器额定电流的选择:其额定电流必须大于或等于所装熔体的额定电流。

(4) 熔体的额定电流的选择:

① 对电炉、照明等阻性负载电路的短路保护,熔体的额定电流应稍大于或等于电路的工作电流。

② 对一台电动机负载的短路保护,考虑到电动机受启动电流的冲击,熔体的额定电流

I_{RN} 应大于等于 1.5 倍电动机额定电流 I_N。轻载启动或启动时间较短时，系数可取近 1.5，重载启动或启动时间较长时，系数可取 2.5。

③ 对多台电动机的短路保护，熔体的额定电流应满足：$I_{RN} \geqslant (1.5 \sim 2.5) I_{Nmax} + \sum I_N$。

④ 在配电系统中通常有多级熔断器保护，发生短路故障时，远离电源端的前级熔断器应先熔断。所以一般后一级熔体的额定电流比前一级熔体的额定电流至少大一个等级。

七、熔断器的安装

（1）瓷插式熔断器：拔下熔断器瓷插盖，将瓷插式熔断器垂直固定在配电板上；用单股导线与熔断器底座上的接线端子（静触点）相连；安装熔体时，必须保证接触良好，不允许有机械损伤，若熔体为熔丝时，应预留安装长度，固定熔丝的螺丝应加平垫圈，将熔丝两端沿压紧螺丝顺时针方向绕一圈。

（2）螺旋式熔断器：螺旋式熔断器的电源进线应接在下接线端子上，负载出线应接在上接线端子上。

（3）严禁在三相四线制电路的中性线上安装熔断器，而要在单相两线制的中性线上安装熔断器。

（4）安装熔断器除保证适当的电气距离外，还应保证安装位置间有足够的间距，以便于拆卸、更换熔体。

（5）更换熔体时，必须先断开负载。熔体烧断后，外壳温度很高，容易烫伤，因此，不要直接用手拔管状熔体。

知识链接四　低 压 开 关

低压开关主要用作隔离、转换以及接通和分断电路。有时也可用来控制小容量电动机的启动、停止和正反转。它一般为非自动切换电器和自动切换电器，常用的有刀开关、转换开关和低压断路器等。

一、刀开关

刀开关是一种手动配电电器，主要用来手动接通与断开交、直流电路，通常只作电源隔离开关使用，也可用于不频繁地接通和断开额定电流以下的负载，如小型电动机、电阻炉等。

（一）刀开关型号

刀开关型号如图 4.12 所示。

（二）常用的刀开关

刀开关常用的产品有 HD11～HD14 和 HS11～HS13 系列刀开关，HK1、HK2 系列开启式负荷开关,HH3、HH4 系列封闭式负荷开关,HR3 系列熔断器刀开关等。下面简要介绍开启式负荷开关和封闭式负荷开关。

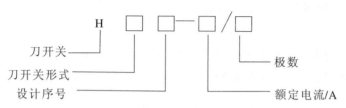

刀开关的常见形式:K-开启式负荷开关;R-熔断器式刀开关;
H-半闭式负荷开关;Z-组合开关

图 4.12　刀开关的型号

1. 开启式负荷开关

开启式负荷开关又称瓷底胶盖开关,它的外形及结构图如图 4.13 所示。它的瓷质底座上装有进线座、静触点、熔丝、出线座和刀片式的动触点,上面还有两块胶盖。开启式负荷开关装在上部,由进线座和静夹座组成。熔断器装在下部,由出线座、熔丝和动触刀组成。动触刀上端装有瓷质手柄便于操作,上下两部分用两个胶盖以紧固螺钉固定,将开关零件罩住,防止电弧或触及带电体伤人。开启式负荷开关安装时,手柄要向上,不得倒装或平装。倒装时,手柄有可能因自动下滑而引起误合闸,造成人身事故。接线时应将电源线接在上端,负载接在熔断器下端。这样拉闸后刀开关与电源隔离,便于更换熔丝。用于一般照明电路和功率小于 5.5 kW 的电动机的控制。其文字和图形符号如图 4.14 所示。

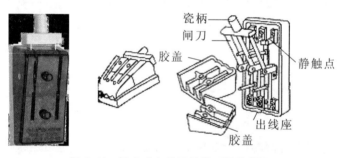

图 4.13　开启式负荷开关外形及结构图

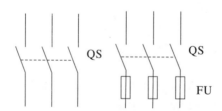

图 4.14　开启式负荷开关的文字和图形符号

2. 封闭式负荷开关

封闭式负荷开关又称铁壳开关。它的外形及结构图如图 4.15 所示。它由闸刀、熔断器、操作机构和钢板(铸铁)外壳组成。三极铁壳开关即可用作工作机械的电源隔离开关,也可用作负荷开关。为保证用电安全,铁壳上装有机械联锁装置,当箱盖打开时,手柄不能操纵开关合闸;当闸刀合闸后,箱盖不能打开。其文字和图形符号如图 4.16 所示。

图 4.15　封闭式负荷开关外形及结构图

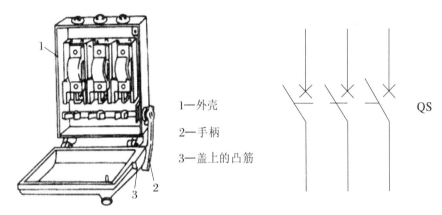

1—外壳

2—手柄

3—盖上的凸筋

QS

图 4.16　封闭式负荷开关的文字和图形符号

（三）刀开关的选用

（1）刀开关的极数要与电源进线相数相等。

（2）刀开关的额定电压应大于所控制线路的额定电压。

（3）刀开关的额定电流应大于负载的额定电流。

（4）用于照明和电热负载时，可选用额定电压 220 V 或 250 V、额定电流大于或等于电路最大工作电流的两极开关。

（5）用于电动机的直接启动和停止时，选用额定电压 380 V 或 500 V、额定电流大于或等于电动机额定电流 3 倍的三极开关。

（四）刀开关的安装

（1）刀开关必须垂直安装在控制屏或开关板上，不允许倒装或平装，接通状态时手柄应朝上，以防发生误合闸事故。接线时进线和出线不能接反，防止在更换熔体时发生触电事故。

（2）刀开关控制照明和电热负载使用时，要连接熔断器作短路和过载保护。接线时应将电源线接在上端，负载接在下端，这样拉闸后刀片与电源隔离，可防止意外事故发生。

（3）更换熔体时，必须在闸刀断开的情况下按原规格更换。

（4）在接通和断开操作时，应动作迅速，使电弧尽快熄灭。

看一看：扫二维码，观看刀开关动画讲解视频。

刀开关

二、转换开关

转换开关又称为组合开关。实质上是一种特殊的刀开关。它的特点是用动触片的左右旋转来代替闸刀的推合和拉开,结构较为紧凑。在机床电气设备中用作电源引入开关,也可用来直接控制小容量三相异步电动机非频繁正、反转。其外形、结构及文字和图形符号如图4.17所示。

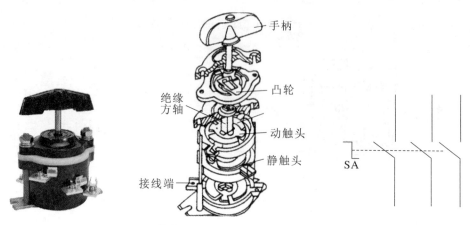

图4.17　转换开关外形、结构及文字和图形符号

三极组合开关共有6个静触头和3个动触片。静触头的一端固定在胶木边框上,另一端伸出盒外,以便和电源及用电器相连接。3个动触片装在绝缘垫板上,并套在方轴上,通过手柄可使方轴做90°正反向转动,从而使动触片与静触头保持闭合和分断。在开关的顶部还装有扭簧贮能机构,使开关能快速闭合与分断。常用的转换开关为HZ10系列。

三、低压断路器

低压断路器又称自动空气开关或自动空气断路器,是能自动切断故障电流并兼有控制和保护功能的低压电器。它主要用在交、直流低压电网中,既可手动又可电动分合电路,且可对电路或用电设备实现过载、短路和欠电压等保护,也可用于不频繁启动电动机。

(一)低压断路器的型号

低压断路器的型号如图4.18所示。

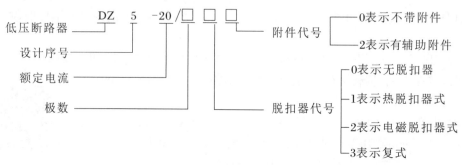

图4.18　低压断路器的型号

常用的低压断路器型号为 DZ5-20 型。DZ5-20 型自动空气开关主要由动触点、静触点、灭弧装置、操作机构、热脱扣器、电磁脱扣器、欠电压脱扣器及外壳等部分组成，如图4.19所示。操作结构在中间，其两边有热脱扣器和电磁脱扣器；触头系统在下面，除三对主触头外，还有常开及常闭辅助出头各一对，上述全部结构均装在壳内，按钮和触头的接线柱分别伸出壳外。

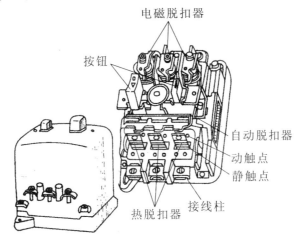

图 4.19　DZ5-20 型自动空气开关结构

（二）低压断路器的内部结构及工作原理

低压断路器的结构原理如图 4.20 所示。

在正常工作时,触点时闭合的。

当短路时,12 号过电流脱扣器产生的吸力使 11 号衔铁上移,带动杠杆上移,3 号搭钩脱钩,2 号锁键左移,触点断开,从而起到保护电路的作用。

当欠电压时,8 号欠电压脱扣器吸力不足,7 号衔铁在弹簧的拉力下上移,带动杠杆上移,3 号搭钩脱钩,2 号锁键左移,触点断开。

当过载时,电流过大,9 号加热电阻丝产生的热量使 10 号热脱口器双金属片弯曲变形,带动杠杆上移,从而使搭钩脱钩,锁键左移,触点断开。

（三）低压断路器的符号

低压断路器的符号如图 4.21 所示。

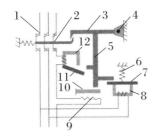

图 4.20　低压断路器的结构原理

1—触点；2—锁键；3—搭钩；4—转轴；5—联杆；6—弹簧；7—衔铁；8—欠电压脱扣器；9—加热电阻丝；10—热脱扣器双金属片；11—衔铁；12—过电流脱扣器

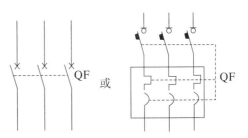

图 4.21　低压断路器的符号

（四）低压断路器的主要技术数据

（1）额定电压：低压断路器长期正常工作所能承受的最大电压。

（2）壳架等级额定电流：每一塑壳或框架中所能装的最大额定电流脱扣器。

（3）断路器额定电流：脱扣器允许长期通过的最大电流。

（4）分断能力：在规定条件下能够接通和分断的短路电流值。

（5）限流能力：对限流式低压断路器和快速断路器要求有较高的限流能力，能将短路电流限制在第一个半波峰值下。

（6）动作时间：从电路出现短路的瞬间到主触头开始分离后电弧熄灭，电路完全分断所需的时间。

（7）使用寿命：在规定的正常负载条件里，低压断路器可靠操作的总次数，包括电寿命和机械寿命。

（五）低压断路器的选用

（1）低压断路器的额定电压和额定电流应大于或等于线路、设备的正常工作电压和工作电流。

（2）热脱扣器的整定电流应与所控制的电动机的额定电流或负载的额定电流一致。

（3）电磁脱扣器的额定电流应大于或等于线路的最大负载电流。

（4）欠电压脱扣器的额定电压等于线路的额定电压。

（六）低压断路器的使用

（1）在安装低压断路器时应注意把来自电源的母线接到开关灭弧罩一侧的端子上，把来自电气设备的母线接到另外一侧的端子上。

（2）低压断路器投入使用时应先进行整定，按照要求整定热脱扣器的动作电流，之后就不应随意旋动有关的螺钉和弹簧。

（3）发生断、短路事故的动作后，应立即对触点进行清理，检查有无熔坏，清除金属熔粒、粉尘等，特别要把散落在绝缘体上的金属粉尘清除干净。

（4）在正常情况下，每 6 个月应对开关进行一次检修，清除灰尘。使用低压断路器来实现短路保护比熔断器要好，因为当三相电路短路时，很可能只有一相的熔断器熔断，造成单相运行。对于低压断路器来说，只要造成短路都会使开关跳闸，将三相同时切断。低压断路器还有其他自动保护作用，所以性能优越。但它结构复杂，操作频率低，价格高，因此适用于对断路器要求较高的场合（如电源总配电盘）。

（七）低压断路器的安装

（1）低压断路器应垂直安装。断路器底板应垂直于水平位置，固定后，断路器应安装平整。

（2）板前接线的低压断路器允许安装在金属支架上或金属底板上，但板后接线的低压断路器必须安装在绝缘底板上。

（3）电源进线应接在断路器的上母线上，而负载出线则应接在下母线上。

（4）当低压断路器用作电源总开关或电动机的控制开关时，则在断路器的电源进线必须加装隔离开关、刀开关或熔断器,作为明显的断开点。

(5) 为防止发生飞弧,安装时应考虑断路器的飞弧距离,并注意灭弧室上方接近飞弧距离处不要跨接母线。

看一看:扫二维码,观看低压断路器动画讲解视频。

低压断路器 1　　　　　低压断路器 2

知识链接五　接　触　器

接触器是一种用来频繁地接通和断开(交、直流)负荷电流的电磁式自动切换电器,主要用于控制电动机、电焊机、电容器组等设备,具有低压释放的保护功能,适用于频繁操作和远距离控制,是电力拖动自动控制系统中使用最广泛的电气元器件之一。

一、交流接触器

按主触点控制的电流性质分,接触器可以分为直流接触器和交流接触器。交流接触器的用途是远距离频繁地接通或断开交、直流主电路及大容量控制电路,还具有欠压、失压保护功能,同时有自锁、联锁的功能。

(一) 交流接触器的型号与含义

常用交流接触器的型号有 CJ0 系列、CJ10 系列、CJ12 系列等。如图 4.22 所示。

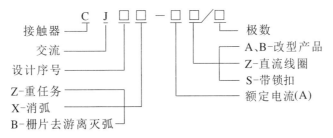

图 4.22　按钮的型号与含义

(二) 交流接触器的结构

交流接触器主要由电磁机构、触点系统、灭弧装置及其他部件等组成。如图 4.23 所示。

(1) 电磁系统。电磁系统由线圈、动铁芯(衔铁)和静铁芯组成,其作用是将电磁能转换成机械能,产生电磁吸力带动触点动作。

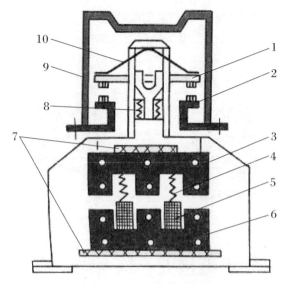

图 4.23 交流接触器的结构

1—动触头;2—静触头;3—衔铁;4—弹簧;5—线圈;6—铁芯;
7—垫毡;8—触头弹簧;9—灭弧罩;10—触头压力弹簧

(2)触点系统。包括主触点和辅助触点。主触点用于通断主电路,通常为三对常开触点。辅助触点用于控制电路,起电气联锁作用,故又称联锁触点,一般常开、常闭各两对。

(3)灭弧装置。容量在 10 A 以上的接触器都有灭弧装置,对于小容量的接触器,常采用双断口触点灭弧、电动力灭弧、相间弧板隔弧及陶土灭弧。

(4)辅助部件。包括反作用弹簧、缓冲弹簧、触点压力弹簧、传动机构及外壳等。

(三)交流接触器的工作原理

交流接触器的工作原理是:当吸引线圈通电后,线圈电流在铁芯中产生磁通,该磁通对衔铁产生克服复位弹簧反力的电磁吸力,使衔铁带动触点动作。触点动作时,常闭触点先断开,常开触点后闭合。当线圈中的电压值降低到某一数值时(无论是正常控制还是欠电压、失电压故障,一般降至线圈额定电压的 85%),铁芯中的磁通下降,电磁吸力减小,当减小到不足以克服复位弹簧的反力时,衔铁在复位弹簧的反力作用下复位,使主、辅触点的常开触点断开,常闭触点恢复闭合。这也是交流接触器所具备的失压保护功能。

(四)交流接触器的符号

交流接触器的图形和文字符号如图 4.24 所示。

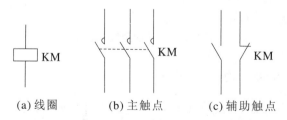

(a)线圈　　　(b)主触点　　　(c)辅助触点

图 4.24 交流接触器的图形和文字符号

（五）交流接触器的安装

（1）安装前检查接触器铭牌与线圈的技术参数是否符合实际使用要求；检查接触器外观，应无机械损伤；用手推动接触器可动部分时，接触器应动作灵活；灭弧罩应完整无损，固定牢固；测量接触器的线圈电阻和绝缘电阻等。

（2）接触器一般应安装在垂直面上，倾斜度应小于 5°；安装和接线时，注意不要将零件失落或掉入接触器内部，安装孔的螺钉应装有弹簧垫圈和平垫圈，并拧紧螺钉以防振动松脱。

（3）检查接线正确无误后，在主触点不带电的情况下操作几次，然后测量产品的动作值和释放值，所测得数值应符合产品的规定要求。

（4）对有灭弧室的接触器，应先将灭弧罩拆下，待安装固定好后再把灭弧罩装上。拆装时注意不要损坏灭弧罩，带灭弧罩的交流接触器绝不允许不带灭弧罩或带破损灭弧罩运行。

（5）接触器触点表面应保持清洁，不允许涂油。当触点表面因电弧作用形成金属小珠时，应及时铲除，但银和金表面产生的氧化膜，由于接触电阻很小，不必铲修，否则会缩短触点寿命。

二、直流接触器

直流接触器是用于远距离接通和分断直流电路及频繁地操作和控制直流电动机的一种自动控制电器。其结构及符号类似于交流接触器。常用的有 CZ17、CZ18、CZ21 等系列。

三、接触器的选用

（1）接触器铭牌上的额定电压指的是主触头的额定电压。选用接触器时，主触头所控制的电压应小于或等于它的额定电压。

（2）接触器铭牌上的额定电流指的是主触头的额定电流。选用接触器时，主触头额定电流应等于或稍大于电动机的额定电流。

（3）同一系列、同一容量的接触器，其线圈的额定电压有好几种规格，应使接触器线圈额定电压等于控制回路的电压。

（4）触头数目：接触器的触头数目应能满足控制线路的要求。

（5）额定操作频率：接触器额定操作频率是指每小时接通次数。通常交流接触器 600 次/小时，直流接触器 1200 次/小时。

看一看：扫二维码，观看接触器的工作原理、接入电路工作的动画讲解视频。

交流接触器

接触器接线

知识链接六　继　电　器

继电器是根据某种输入物理量的变化,来接通和分断控制电路的电器。其主要用于控制与保护电路或作信号转换用。当输入量变化到某一定值时,继电器动作,其触头接通或断开交直流小容量的控制电路。

继电器的分类如下:

(1) 按用途分:控制继电器和保护继电器。

(2) 按动作原理分:电磁式继电器、感应式继电器、电动式继电器、电子式继电器和热继电器。

(3) 按输入信号的不同分:电压继电器、中间继电器、电流继电器、时间继电器、速度继电器。

一、电磁式继电器

电磁式继电器是应用得最早、最多的一种继电器,其结构和工作原理与接触器大体相

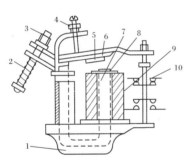

图 4.25　电磁式继电器的典型结构

1—底座;2—反力弹簧;3、4—调节螺钉;5—非磁性垫片;6—衔铁;7—铁芯;8—极靴;9—电磁线圈;10—触点系统

同,也由铁芯、衔铁、线圈、复位弹簧和触点等部分组成。如图 4.25 所示。

电磁式继电器按输入信号的性质可分为:电磁式电流继电器、电磁式电压继电器和电磁式中间继电器。

(一) 电磁式电流继电器

1. 过电流继电器

过电流继电器在电路中用于过电流保护。正常工作时,线圈电流为额定电流,此时衔铁为释放状态;当电路中电流大于负载正常工作电流时,衔铁才产生吸合动作,从而带动触点动作,断开负载电路。所以电路中常用过电流继电器的常闭触点来保护电路。

2. 欠电流继电器

欠电流继电器在电路中用于欠电流保护。正常工作时,线圈电流为负载额定电流,衔铁处于吸合状态;当电路的电流小于负载额定电流,达到衔铁的释放电流时,衔铁则释放,同时带动触点动作,断开电路。所以电路中常用欠电流继电器的常开触点接触器接线。

(二) 电磁式电压继电器

1. 过电压继电器

在电路中用于过电压保护。过电压继电器线圈在额定电压时,衔铁不产生吸合动作,只有当线圈的电压高于其额定电压的某一值时衔铁才产生吸合动作,所以称为过电压继电器。

2. 欠电压继电器

在电路中用于欠电压保护。当电路中的电气设备在额定电压下正常工作时,欠电压继电器的衔铁处于吸合状态;如果电路出现电压降低至线圈的释放电压时,衔铁由吸合状态转为释放状态,同时断开与它相连的电路,实现欠电压保护。

(三)电磁式中间继电器

中间继电器的吸引线圈属于电压线圈,但它的触点数量较多(一般有 4 对常开、4 对常闭),触点容量较大(额定电流为 5~10 A),且动作灵敏。其主要用途是当其他继电器的触点数量或触点容量不够时,可借助中间继电器来扩大触点容量(触点并联)或触点数量,起到中间转换的作用。

看一看:扫二维码,观看电磁式继电器和电流继电器的动画讲解视频。

电磁式继电器　　　　　　　电流继电器

二、热继电器

热继电器是利用电流的热效应,当感测元件被加热到一定程度时,执行相应动作的一种保护电器。热继电器主要用于对交流电动机的过载保护、断相、电流不平衡运行的保护及其他电气设备发热状态的控制。

(一)热继电器的型号和含义

热继电器的型号和含义如图 4.26 所示。

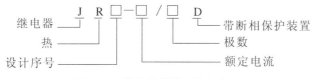

图 4.26　热继电器的型号与含义

(二)热继电器的结构原理

热继电器主要由热元件、动作机构、触点系统、电流整定装置、复位机构和温度补偿元件等部分组成,如图 4.27 所示。

1. 热元件

热元件由发热电阻丝做成。双金属片由两种热膨胀系数不同的金属辗压而成,当双金属片受热时,会出现弯曲变形,双金属片的材料多为铁镍铬合金和铁镍合金。电阻丝一般用康铜或镍铬合金等材料制成。

2. 动作机构和触点系统

动作机构利用杠杆传递及弓簧式瞬跳机构来保证触点动作的迅速、可靠。触点为单断点弓簧跳跃式动作,一般为一常开触点、一常闭触点。

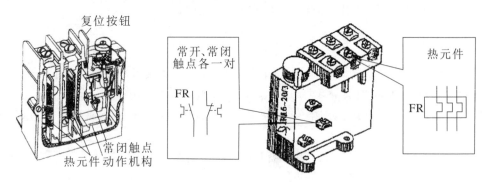

图 4.27　热继电器的结构

3. 电流整定装置

通过旋钮和电流调节凸轮调节推杆间隙,改变推杆移动距离,从而调节整定电流值。

4. 温度补偿元件

温度补偿元件为双金属片。

5. 复位机构

复位机构有手动和自动两种形式,可根据使用要求通过复位调节螺钉来自由调整选择。一般自动复位时间不大于 5 min,手动复位时间不大于 2 min。

热继电器工作原理是使用时把热元件串接于电动机定子绕组电路中,而常闭触点串接于电动机的控制电路中。热继电器就是利用电流的热效应原理,在出现电动机不能承受的过载时切断电动机电路,为电动机提供过载保护的电器。当电动机正常运行时,热元件产生的热量虽能使双金属片弯曲,但还不足以使热继电器的触点动作。当电动机过载时,双金属片弯曲位移增大,推动导板使常闭触点断开,从而切断电动机控制电路以起保护作用。热继电器动作后一般不能自动复位,要等双金属片冷却后按下复位按钮复位。热继电器动作电流的调节可以借助旋转凸轮于不同位置来实现。

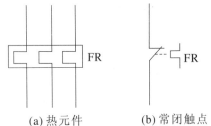

(a) 热元件　　　　(b) 常闭触点

图 4.28　按钮的图形和文字符号

(三) 热继电器的符号

热继电器按钮的图形和文字符号如图 4.28 所示。

(四) 热继电器的选用

(1) 热继电器的安装方向必须与产品说明书中规定的方向相同,误差不应小于 5°。当它与其他电器安装在一起时,应注意将其安装在发热电器的下方,以免动作特性受到其他电器发热的影响。

(2) 热继电器的整定电流必须按电动机的额定电流进行调整,绝对不允许弯折双金属片。

(3) 一般热继电器应置于手动复位的位置上,若需要自动复位时,可将复位调节螺钉以顺时针方向向里旋紧。

（4）热继电器进、出线端的连接导线，应按电动机的额定电流正确选用，尽量采用铜导线，并正确选择导线截面积。

（5）热继电器由于电动机过载后动作，若要再次启动电动机，必须待热元件冷却后，能使热继电器复位。一般自动复位需要 5 min，手动复位需要 2 min。

看一看：扫二维码，观看热继电器的工作原理和接线动画讲解视频。

热继电器　　　　　　　　热继电器接线

三、时间继电器

时间继电器是在电路中起控制动作时间的继电器。它的种类很多，有电磁式、电动式、空气阻尼式、晶体管式等，常用的是空气阻尼式。

（一）时间继电器的型号和含义

时间继电器的型号和含义如图 4.29 所示。

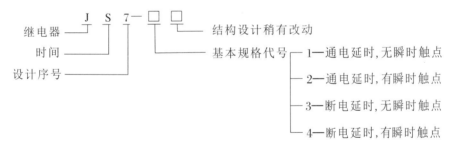

图 4.29　时间继电器的型号与含义

（二）空气式时间继电器的结构原理

空气式时间继电器用于时间控制，又称定时器，是利用气囊中的空气通过小孔节流的原理来获得延时动作的。根据触点延时的特点，可分为通电延时动作型和断电延时复位型两种。其主要由电磁系统、触点系统、空气室、传动机构、基座等组成，如图 4.30 所示。

（1）电磁系统。由线圈、铁芯和衔铁组成。

（2）触点系统。包括两对瞬时触点（一常开、一常闭）和两对延时触点（一常开、一常闭），瞬时触点和延时触点分别是两个微动开关的触点。

（3）空气室。空气室为一空腔，由橡皮膜、活塞等组成。橡皮膜可随空气的增减而移动，顶部的调节螺钉可调节延时时间。

（4）传动机构。由推杆、活塞杆、杠杆及各种类型的弹簧等组成。

（5）基座。用金属板制成，用以固定电磁机构和气室。

随着电子技术的发展与进步，目前出现了电子式时间继电器和数字显示时间继电器。

电子式时间继电器体积小、重量轻、可靠性高、使用寿命长,其外形如图 4.31 所示。数字显示时间继电器采用集成电路,通过 LED 数字显示,预置数字按键开关,具有工作稳定、精度高等特点,其外形如图 4.32 所示。

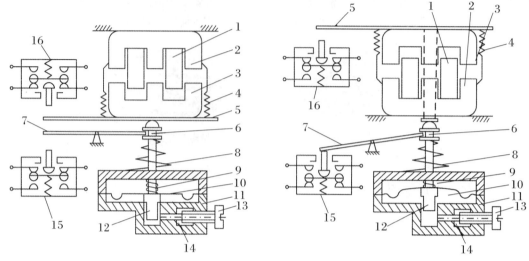

图 4.30　时间继电器的结构

1—线圈;2—铁芯;3—衔铁;4—反力弹簧;5—推板;6—活塞杆;7—杠杆;8—塔形弹簧;9—弱弹簧;10—橡皮膜;11—空气室壁;12—活塞;13—调节螺钉;14—进气孔;15、16—微动开关

图 4.31　电子式时间继电器外形

图 4.32　数字显示时间继电器外形

(三)时间继电器的符号

时间继电器的文字和图形符号如图 4.33 所示。

(四)空气式时间继电器的选用

(1)根据控制电路的要求选择时间继电器的延时方式(通电延时或断电延时)。同时,还必须考虑电路对瞬时动作触点的要求。

(2)根据控制电路电压选择时间继电器线圈的电压。

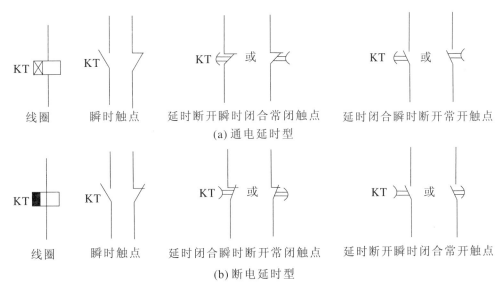

线圈　　瞬时触点　　延时断开瞬时闭合常闭触点　　延时闭合瞬时断开常开触点

(a) 通电延时型

线圈　　瞬时触点　　延时闭合瞬时断开常闭触点　　延时断开瞬时闭合常开触点

(b) 断电延时型

图 4.33　时间继电器的文字和图形符号

看一看:扫二维码,观看各种时间继电器的动画视频。

时间继电器　　　　通电延时继电器 1　　　通电延时继电器 2　　　断电延时继电器

四、速度继电器

速度继电器是以速度的大小为信号与接触器配合,实现对电动机的反接制动。主要用于笼型异步电动机的反接制动控制。一般速度继电器的动作速度为 120 r/min,触点的复位速度是 100 r/min。在连续工作制中,转速在 3000~3600 r/min 时能可靠地工作。速度继电器允许的操作频率是不超过 30 次/小时。

(一) 速度继电器的结构原理

速度继电器一般由转子、定子、线圈、摆锤、触点、转轴等部分组成。其结构如图 4.34 所示。

(二) 速度继电器的符号

速度继电器的文字和图形符号如图 4.35 所示。

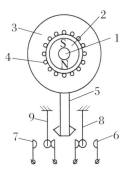

图 4.34　速度继电器的结构
1—转轴;2—转子;3—定子;
4—线圈;5—摆锤;6、7—静
触点;8、9—簧片

（三）速度继电器的选用

速度继电器主要根据电动机的额定转速来选择。使用时,速度继电器的转轴应与电动机的转轴同轴连接,安装接线时,正反向的触点不能接错,否则不能起到反接制动时接通和断开反向电源的作用。

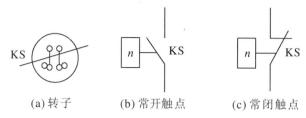

(a) 转子　　　　　(b) 常开触点　　　　　(c) 常闭触点

图 4.35　速度继电器的文字及图形符号

看一看:扫二维码,观看速度继电器动画讲解视频。

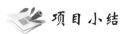 **项目小结**

速度继电器

低压电器指工作在交流电源 1200 V、直流电源 1500 V 额定电压以下的电路中,能根据外界信号(机械力、电动力和其他物理量),自动或手动接通和断开电路的电器。其作用是实现对电路或非电对象的切换、控制、保护、检测和调节。常用的低压电器有刀开关、转换开关、自动开关、熔断器、接触器、继电器和主令电器等。

主令电器是在自动控制系统中发出指令和信号的操纵电器。主要用来切换控制电路。常用的主令电器有按钮开关、行程开关、万能转换开关和主令控制器等。行程开关又称位置开关或限位开关。它的作用和按钮相同,只是其触头的动作不是靠手按而是利用生产机械中的运动部件的碰撞而动作(利用运动部件上的挡块碰压而使触头动作),从而实现接通或分断某些控制电路。

熔断器是低压配电系统和电力拖动系统中常用的安全保护电器,主要用于短路保护,有时也可用于过载保护。主体是用低熔点的金属丝或金属薄片制成的熔体,串联在被保护电路中。在正常情况下,熔体相当于一根导线;当电路短路或过载时,电流很大,熔体因过热而熔化,从而切断电路起到保护作用。

低压开关主要用作隔离、转换以及接通和分断电路用。有时也可用来控制小容量电动机的启动、停止和正反转。它一般为非自动切换电器,常用的有刀开关、转换开关和低压断路器等。

低压断路器又称自动空气开关或自动空气断路器,是能自动切断故障电流并兼有控制和保护功能的低压电器。它主要用在交、直流低压电网中,既可手动又可电动分合电路,且可对电路或用电设备实现过载、短路和欠电压等保护,也可用于不频繁启动电动机。

接触器是一种用来频繁地接通和断开(交、直流)负荷电流的电磁式自动切换电器,主要用于控制电动机、电焊机、电容器组等设备,具有低压释放的保护功能,适用于频繁操作和远距离控制,是电力拖动自动控制系统中使用最广泛的电气元器件之一。

　　继电器是根据某种输入物理量的变化,来接通和分断控制电路的电器。其主要用于控制与保护电路或发挥信号转换作用。当输入量变化到某一定值时,继电器动作,其触头接通或断开交直流小容量的控制电路。常用的继电器有电磁式继电器、热继电器、时间继电器和速度继电器等。

 习题

　　1. 什么是低压电器?

　　2. 常见的低压电器有哪些?

　　3. 接触器的作用是什么? 根据结构特征如何区分交、直流接触器?

　　4. 常开触点和常闭触点如何区分?

　　5. 熔断器的主要作用是什么?

　　6. 低压断路器的最主要作用是什么?

　　7. 在做短路保护时,低压断路器和熔断器有什么区别?

　　8. 热继电器在电路中起什么作用?

　　9. 常见的继电器有哪些?

　　10. 在电气控制中,使用接触器和中间继电器有什么区别?

　　11. 简述电磁式继电器的一般工作原理。

　　12. 交流接触器能否串联使用? 为什么?

　　13. 线圈电压为 220V 的交流接触器,误接入 380V 交流电源会发生什么问题? 为什么?

项目五　机床基本电气控制电路

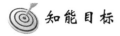 **知能目标**

知识目标
(1) 掌握电气控制电路图的识读方法。
(2) 掌握常见基本电气控制电路的工作原理。
(3) 掌握电气控制电路的安装和检修方法。
技能目标
(1) 会分析常见基本控制电路的工作过程。
(2) 能根据基本控制电路图安装电路。
(3) 会调试并维修基本电气控制电路。

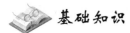 **基础知识**

本项目主要介绍基本控制电路的识读方法以及各种基本控制电路。基本控制电路可以分为启动控制电路、调速控制电路和制动电路。启动控制电路包括全压启动(包括点动控制、连续单向运转控制和正反转控制)和降压启动电路(串电阻降压启动、Y-△降压启动)。调速控制电路主要介绍双速控制电路。制动控制电路包括反接制动控制和能耗制动控制电路。

知识链接一　常用电气控制电路图的识读方法

一、识读电气原理图

识读电气原理图前,必须掌握常见的电器元件的图形符号、文字符号以及它们的动作情况,对于具体的电路还要与设备的工作原理相结合才行。

识读电气原理图应按如下顺序进行:

(一) 查阅相关图纸说明

主要包括施工说明书、图纸目录、元器件明细表、技术说明书等。阅读这些相关材料后能对图纸及设备有大致的了解,保证在识读时能抓住重点。

（二）分清电路的各部分

电气控制电路主要由主电路、控制电路和辅助电路组成,拿到电气原理图后要能准确快速地区分各部分。

（三）理清识读顺序

在识读电气原理图时,按照从左到右的顺序识读图纸,即先识读主电路,再识读控制电路,最后识读辅助电路。识读到每一部分时,应按照从上到下的顺序进行分析。

在具体识读时要搞清楚以下问题:

（1）电路的供电电源来自哪里? 是什么样的供电电源? 供给主电路、控制电路以及照明指示电路的电压分别是多少?

（2）电路一共用了多少台电动机? 结合设备的功能了解每台电动机的主要功能及控制每台电动机的接触器。

（3）分析各电动机的工作情况（一般包括启动、调速、制动、点动及正反转等）,并了解每个电动机的各种工作状况、使用的电气控制和机械控制方式。

（4）能理清各电动机的全部控制电器和保护电器。要掌握每个电器元件的触点动作情况以及在图中所在的位置。

（5）在理清前几个问题之后,按照各电动机的各种工作状态依次分析其工作过程,例如:M1 的点动、正反转、调速、制动等;M2 的点动、正反转、调速、制动等。

二、识读电气安装接线图

在识读电气安装接线图时一般参照以下方法:

（1）熟悉电气原理图。电气安装接线图是按照电气原理图绘制的,因而必须先熟悉电气原理图。

（2）熟悉各元件的实际位置并了解一些基本的布线规律。

（3）掌握识读顺序。依次分析主电路和控制电路。结合电气原理图识读。

（4）其他资料。在识读时,还要注意各元器件的型号、数量、规格、安装方式及布线方式等。

知识链接二　三相异步电动机启动控制电路

三相异步电动机的启动控制分为全压启动和降压启动,下面分别列举几个实例进行分析。

一、三相异步电动机全压启动电路

（一）点动控制电路

图 5.1 是点动控制电路示意图，电路中 FU1、FU2 分别为主电路和控制电路提供短路保护。当有短路发生时，相应的熔断器熔断起到保护电路的作用。SB1 为启动按钮。

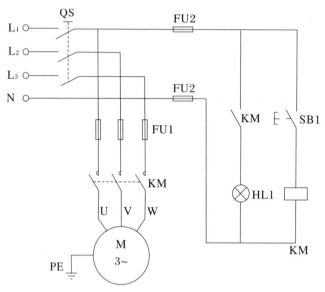

图 5.1　点动控制电路

点动控制电路启动过程如图 5.2 所示。

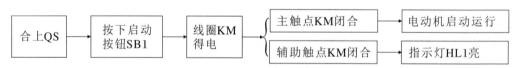

图 5.2　点动控制电路启动过程

点动控制电路停止过程如图 5.3 所示。

图 5.3　点动控制电路停止过程

点动电路的特点是按下开始按钮电动机工作，一旦松开开始按钮电动机就停止工作。

看一看：扫二维码，观看电动机点动控制电路动画讲解视频。

电动机点动控制

（二）单向连续运转电路

图 5.4 是单向连续运转电路示意图，电路中 QS 为电源开关；熔断器 FU1、FU2 分别为主电路和控制电路提供短路保护；热继电器 FR 为电路提供过载保护；SB1、SB2 分别为停止按钮和开始按钮。

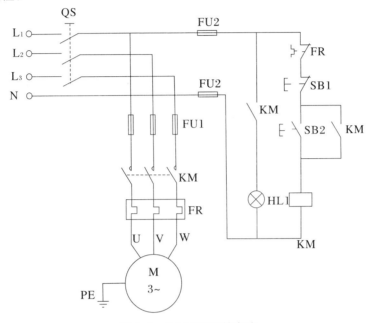

图 5.4　单向连续运转电路

单向连续运转电路启动过程如图 5.5 所示。

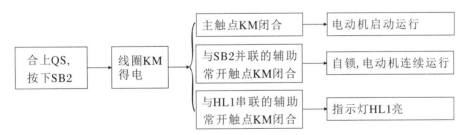

图 5.5　单向连续运转电路启动过程

单向连续运转电路停止过程如图 5.6 所示。

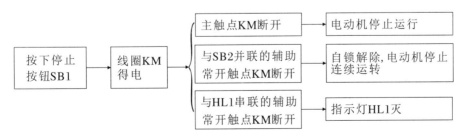

图 5.6　单向连续运转电路停止过程

看一看：扫二维码，观看电动机长动控制电路、继电器控制的长点动控制电路、开关控制的长点动控制电路和按钮控制的长点动控制电路动画讲解视频。

　长动控制电路　　继电器控制的长点动电路　　开关控制的长点动电路　　按钮控制的长点动电路

（三）正反转控制电路

图 5.7 是正反转控制电路示意图，电路中 QS 为电源开关；熔断器 FU1、FU2 分别为主电路和控制电路提供短路保护；热继电器 FR 为电路提供过载保护；SB1、SB2、SB3 分别为正转按钮、反转按钮和停止按钮。

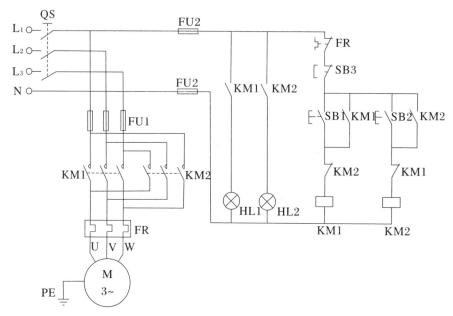

图 5.7　正反转控制电路

正反转控制电路正转启动过程如图 5.8 所示。

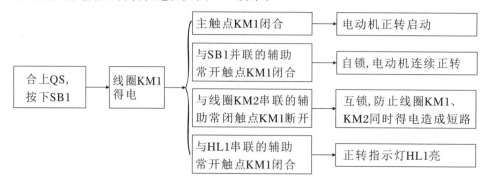

图 5.8　正反转控制电路正转启动过程

正反转控制电路反转启动过程如图5.9所示。

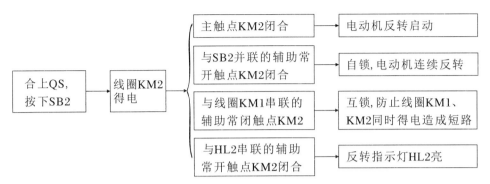

图 5.9　正反转控制电路反转启动过程

正反转控制电路停止过程如图5.10所示。

图 5.10　正反转控制电路停止

二、三相异步电动机降压启动电路

虽然三相异步电动机采用全压启动线路比较简单,但是启动电流较大,一般是额定电流的 4～7 倍。启动电流过大,一方面会降低电动机的使用寿命,大幅降低变压器二次侧的电压及电动机本身的转矩,使电动机无法正常启动;另一方面,也会造成电源电压的波动,影响同一电网下的其他设备的正常运行。

为降低三相异步电动机的启动电流,常采用降压启动的办法。常见的降压启动有定子绕组串电阻启动、Y-△降压启动电路以及自耦变压器启动。这里仅介绍定子绕组串电阻启动和 Y-△降压启动电路。

(一)定子绕组串电阻降压启动电路

定子绕组串电阻降压启动是在三相定子电路中串联电阻,从而降低加在定子绕组上的电压,待启动结束后再将电阻短接。此方法一般用于不频繁启动和启动较平稳的小容量电动机的场合。

图 5.11 是定子绕组串电阻降压启动电路示意图,电路中 QS 为电源开关;熔断器 FU1、FU2 分别为主电路和控制电路提供短路保护;热继电器 FR 为电路提供过载保护;SB1、SB2、SB3 分别为降压启动按钮、全压运行按钮和停止按钮。

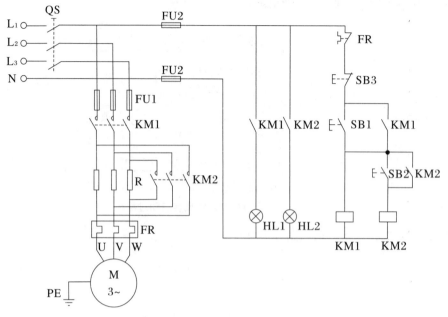

图 5.11　定子绕组串电阻降压启动电路

定子绕组串电阻降压启动过程如图 5.12 所示。

图 5.12　定子绕组串电阻降压启动过程

降压启动完毕后,按下 SB2,电动机将进入全压运动阶段,具体过程如图 5.13、图 5.14 所示。

定子绕组串电阻全压运行过程如图 5.13 所示。

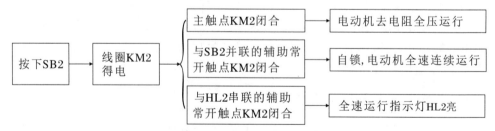

图 5.13　定子绕组串电阻全压运行过程

定子绕组串电阻停止过程如图 5.14 所示。

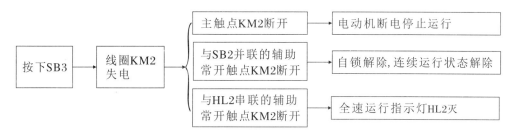

图 5.14 定子绕组串电阻停止过程

（二）Y-△降压启动电路

图 5.15 是 Y-△降压启动电路示意图，电路中 QS 为电源开关；熔断器 FU1、FU2 分别为主电路和控制电路提供短路保护；热继电器 FR 为电路提供过载保护；SB1 和 SB3 分别为 Y 形启动按钮和停止按钮；KT 是时间继电器，设定的延迟时间是 10 s。

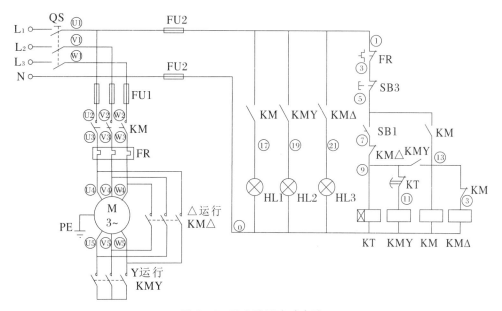

图 5.15 Y-△降压启动电路

Y-△降压启动电路的工作过程如下：

Y-△降压启动及全压运行：合上电源 QS 并按下 SB1→线圈 KMY 和线圈 KT 得电→KMY 的主触点和辅助常开触点闭合；KT 的辅助常闭触点延迟 10 s 断开→线圈 KM 得电；指示灯 HL2 亮→电动机 M 降压启动；指示灯 HL1 亮→10 s 后线圈 KM△得电，线圈 KMY 断电→电动机全压运行；指示灯 HL2 灭，HL3 亮。

停止：按下 SB3 按钮→线圈 KT、KM△和 TM 断电→电动机 M 停止运行；指示灯 HL1 和 HL3 灭。

看一看：扫二维码，观看定子绕组串电阻降压启动电路动画讲解视频。

定子绕组串电阻
降压启动电路

知识链接三　三相异步电动机的电气调速电路

电动机有很多调速方法，这里介绍双速电动机的调速电路。

图 5.16 是按钮控制的双速电动机调速电路示意图，此种电路可以通过按钮控制电动机的低速和高速两种运行状态。电路中 QS 为电源开关；熔断器 FU1、FU2 分别为主电路和控制电路提供短路保护；热继电器 FR 为电路提供过载保护；SB1、SB2 和 SB3 分别为停止按钮、低速按钮和高速按钮。低速运行状态下，电动机△连接，交流接触器 KM1 工作；高速运行状态下，电动机 YY 连接，交流接触器 KM2、KM3 同时工作。

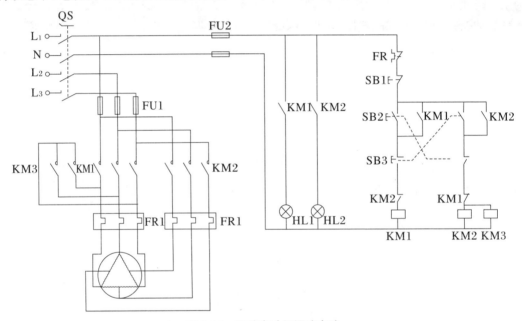

图 5.16　双速电动机调速电路

双速电动机低速启动过程如图 5.17 所示。

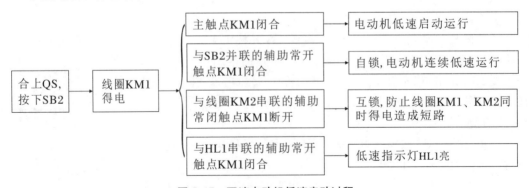

图 5.17　双速电动机低速启动过程

双速电动机高速运行过程如图 5.18 所示。

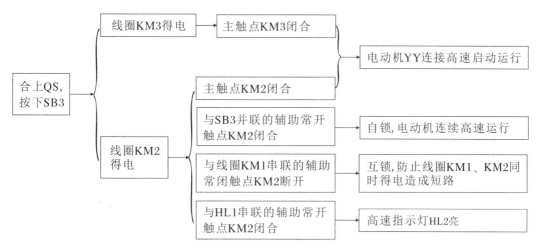

图 5.18 双速电动机高速运行过程

停止:按下 SB1 → 线圈 KM1(KM2 和 KM3)断电 → 电动机停止运行。

看一看:扫二维码,观看双速电动机的调速电路动画讲解视频。

双速电动机的调速电路

知识链接四 三相异步电动机的制动控制电路

电动机切断电源后,由于自身关机需要一段时间才能停止,影响了机床加工的进度,造成时间的浪费。在实际生产中,一般采用一些制动方法来实现快速、准确地停车。

制动分为机械制动和电气制动两大类。机械制动的方法一般有电磁抱闸制动和电磁离合器制动等。电气制动有反接制动、能耗制动和回馈制动等。这里介绍反接制动电路和能耗制动电路的工作情况。

一、反接制动控制电路

图 5.19 是反接制动控制电路示意图,电路中 QS 为电源开关;熔断器 FU1、FU2 分别为主电路和控制电路提供短路保护;热继电器 FR 为电路提供过载保护;SB1 和 SB2 分别为停止按钮和开始按钮。

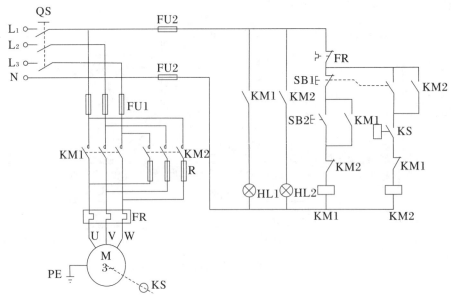

图 5.19　反接制动控制电路

反接制动控制电路启动过程如图 5.20 所示。

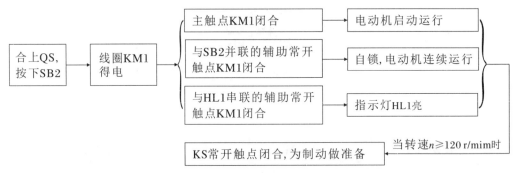

图 5.20　反接制动控制电路启动过程

反接制动控制电路制动过程如图 5.21 所示。

看一看:扫二维码,观看反接制动控制动画讲解视频。

二、能耗制动控制电路

图 5.22 是能耗制动控制电路示意图,电路中 QS 为电源开关;熔断器 FU1、FU2 分别为主电路和控制电路提供短路保护;热继电器 FR 为电路提供过载保护;SB1 和 SB2 分别为停止按钮和开始按钮。

反接制动控制

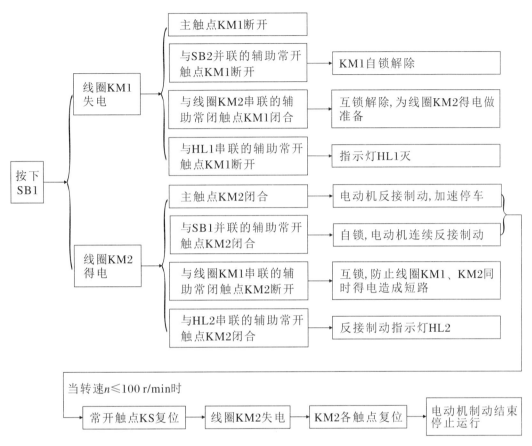

图 5.21 反接制动控制电路制动过程

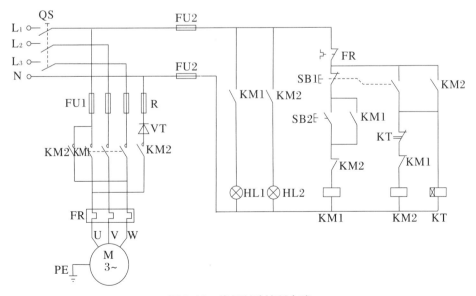

图 5.22 能耗制动控制电路

能耗制动控制电路启动过程如图 5.23 所示。

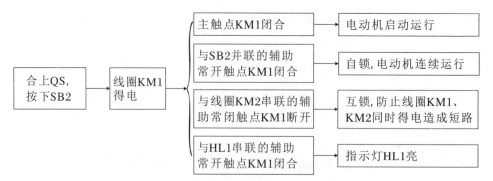

图 5.23　能耗制动控制电路启动过程

能耗制动控制电路制动过程如图 5.24 所示。

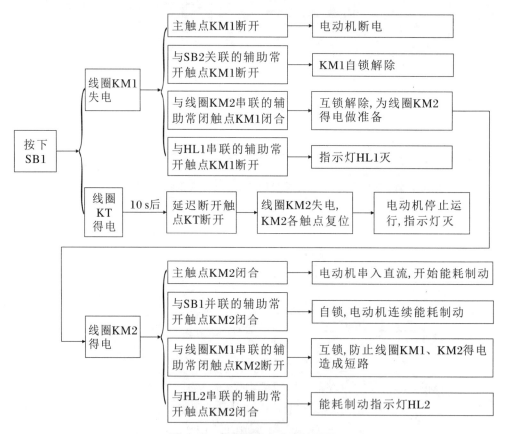

图 5.24　能耗制动电路制动过程

看一看:扫二维码,观看能耗制动电路动画讲解视频。

能耗制动电路

知识链接五 电气控制电路的安装与检修

一、电气控制电路的安装

电气控制电路在安装时应按照一定的步骤,一步步地进行识图、选器件、布局连线调试等,具体的步骤如下:

(一)识读电气原理图

读懂电气原理图是安装的基础,通过识读电气原理图,了解电路的工作原理、使用了哪些元器件。若电气原理图中未编号,要进行编号。

(二)选择并检查元器件

1. 选择元器件

参照元器件明细表,选择元器件,选择时要注意元器件的规格,特别是热继电器、熔断器等保护元器件,要与图纸要求一致。

2. 检查元器件

选择好元器件后,要对元器件进行检查。

先从外观上进行检查:看看外壳是否整洁、有无损坏;触点有无氧化腐蚀;低压电器的传动部件和电磁机构能否正常动作;有延迟功能的器件延时功能是否正常等。若发现有些异常的地方,用工具测量其能否正常工作,不能正常工作的应进行更换。

(三)固定元器件

元器件要安装在控制板上,在进行固定时一般按照以下步骤:

1. 布局定位

参照安装接线图和控制面板的大小,对元器件的安装有一个简单的布局,确定每个元件的位置。在进行布局时要做到整齐、美观、合理,并在需要打孔的地方用记号笔做标记。

2. 打孔

按照之前做好的标记,在标记位置进行打孔,打孔时应注意孔径的大小,不能太大也不能太小,应略大于固定螺丝的直径。

3. 固定

用螺钉将元器件固定在打好的孔上,要用适当的垫圈。

(四)接线

将元器件布置好,就可以接线。接线时参照安装接线图的走线情况,具体接线顺序按照之前电路中标的序号顺序依次接线,先接主电路,再接控制电路和辅助电路。

连接电路时要遵循以下原则：

（1）按照图纸要求选择合适的导线规格（软硬线、导线截面积等），连接时选择合适的长度，确保连接得横平竖直。

（2）接线时要用线槽和端子排，线要入线槽，并且在线槽里的走线也要注意平整，线槽内的线不能太挤。要用端子排，不能一根导线从一个元器件直接连到另一个元器件，只能是导线从一个元器件出来接到接线端子上，再从接线端子出来接到另一个元器件上。

（3）接线时，要进行压线并且用号码管套好，压线时注意导线的芯剖削的长度要适中。

（4）接线完毕后，应做好清理工作。将安装电路时产生的线头、包装袋/盒等清理干净。

（五）检查调试电路

1．检查电路

在电路连接好后不能直接通电，应先检查线路，检查有无漏接、错接等。

检查电路时一般按照以下步骤进行：

（1）核对接线

参照电气原理图和安装接线图，从电源出线端开始逐个检查接线有无漏接、错接现象；检查号码管的标号是否正确。

（2）检查接线是否有松动

检查导线在接线端子和器件的连接处是否有松动现象，有松动应将其重新固定好。

（3）万用表检查

在不通电的情况下，手动模拟通电时电路的运行情况，并用万用表进行测量，判断在各接触器线圈吸合时，电路的导通情况是否正常。

2．调试电路

为保证安全，通电调试电路一定要有老师在场，并按以下步骤进行调试：

（1）空载调试

将主电路切除（断开主电路熔断器），在不拖动电动机的情况下，测试控制电路的工作情况。

按照电路所具有的功能逐个检查，主要检查接触器和继电器的工作情况、保护元件的保护控制情况以及电路中继电器之间的联锁、自锁等情况。

（2）带负载调试

在空载调试正常的情况下，接通主电路熔断器，拖动电动机进行调试。具体调试的内容与不带负载时一致。主要检查带负载后，电动机能否正常启动、运行、停止等，电动机有无异常响声、线圈是否过热等。若有异常应立即断电检查。

（3）其他调试

电路若有时间继电器、速度继电器等，要进行单独调整参数，使其满足电路工作需要后，方可投入正式运行。

二、电气控制电路的检修

任何电路和设备使用过一段时候后,都会出现故障。在出现故障后,要进行故障检测和分析,找出故障并排除。一般按照以下步骤来确定故障点:

(一)检修前的故障调查

发生故障后,不能盲目检修,应当了解故障发生前和故障发生时的状况,主要通过询问操作者进行相关调查,对设备平时的工作情况和故障发生情况有大致的了解。

(二)试车观察故障现象,初步判断故障范围

对故障进行相关的调查后,在不扩大故障范围、不损坏其他设备和器件的前提下,对控制电路进行通电试车,观察故障现象并记录,初步找出故障发生的部位或者回路。

(三)逻辑分析法缩小故障范围

逻辑分析法是指根据电气控制电路的工作原理以及各控制环节的控制顺序等,结合故障现象进行分析,并用排除法缩小故障范围,进而确定最小故障范围的方法。

(四)测量法确定故障点

测量法是指利用电工工具和仪表(主要指万用表和测电笔等)对控制电路进行通、断电测量,准确找出故障点或故障元器件的方法。

常见的测量方法有电压分阶测量法、电压分段测量法、电阻分阶测量法和电阻分段测量法。下面依次介绍这几种方法。

分阶测量法是指测量时像上、下台阶一样依次测量的方法。

分段测量法是指将被测对象进行分段,一段一段地进行测量的方法。

1. 电压分阶测量法

如图 5.25 所示,测量时按下 SB2,若线圈 KM 不得电,则控制电路有故障,可用电压分阶测量法确定故障点。在测量之前先将万用表调到交流电压 500 V 的挡位。

测量时,按下 SB2 不放,依次测量 0-1、0-2、0-3、0-4、0-5、0-6,若测量值为 0,说明故障在测量点之外;若测量值约为 380 V,则说明故障在测量点之内;若前一段测量值为 380 V 左右,后一段测量值为 0,则说明故障点是前后两次测量间新增加的元器件。若测量值全部为 0,则说明故障点是熔断器 FU。

2. 电压分段测量法

如图 5.26 所示,用电压分段测量法测量时,按下 SB2 不放,依次测量 1-2、2-3、3-4、4-5、5-6、6-0,若测量值为 0,说明故障在测量点之外,不是被测的元器件;若测量值约为 380 V,则说明故障就是测量点之间的这个元器件;若都为 0,则说明故障点是熔断器 FU。

3. 电阻分阶测量法

电阻分阶测量法要断电操作。测量前,首先切断电源,并将万用表调到合适倍率的电阻挡(以能清楚显示线圈的电阻值为准)。

如图 5.27 所示,测量时按下 SB2,若线圈 KM 不得电,则控制电路有故障,切断电源,可用电阻分阶测量法确定故障点。

测量时,按下 SB2 不放,依次测量 0-1、0-2、0-3、0-4、0-5、0-6,若测量值为 ∞,说明故障在测量点之内,接着测量下一个;若测量值为一个确定的值,则说明故障在两个测量点之外,故障点即为前后两次测量间减少的那个元器件;若都为 ∞,则说明故障点是线圈 KM;若都为确定值,则说明故障点是熔断器 FU。

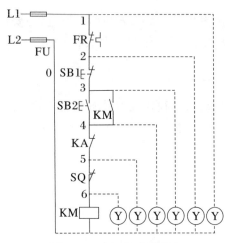

图 5.25　电压分阶测量法

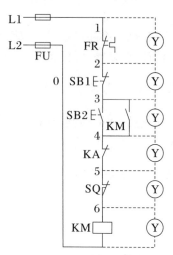

图 5.26　电压分段测量法

4. 电阻分段测量法

如图 5.28 所示,用电阻分段测量法时,按下 SB2 不放,依次测量 1-2、2-3、3-4、4-5、5-6、6-0,若测量值为 ∞,说明被测器件故障,故障在测量点之内;若测量值为一个确定的值,则说明被测器件无故障,故障在测量点之外。若都为确定值,则说明故障点是熔断器 FU。

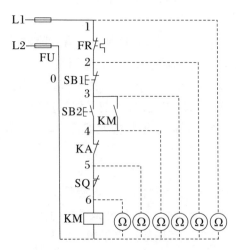

图 5.27　电阻分阶测量法

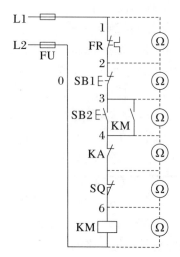

图 5.28　电阻分段测量法

操作实践

任务一　安装三相异步电动机点动控制电路

一、实训目的

(1) 熟悉点动控制电路图。
(2) 能根据点动控制电路的原理图,合理布局并按标准连接电路。
(3) 能对连接好的电路进行调试,出现故障时能排除故障。

二、实训器材

(1) YL-158 型维修电工实训考核台。
(2) 常用电工工具、9205A 万用表等。
(3) 线槽、各种规格的软线、编码管、记号笔、端子排等。

三、实训步骤

(1) 学生进行分组,每组 2~3 人。每组自行分工。
(2) 参照点动电路控制图 5.1,各组选择相应的电器元件、电动机等。
(3) 画出元器件布局图,在实训考核台上进行布局,即准备排线槽、安装各电器元件等。
(4) 进行接线,注意规范。要进行压线并用号码管。
(5) 接好电路后自己先检查。
(6) 在老师在场的前提下进行试车调试。

四、实训注意事项

(1) 各种规格和颜色的线的使用要符合规范要求。
(2) 布线时,要走线槽,接线时要走端子排,严禁在两个电器元件间直接连线。
(3) 布局要合理,高度相差不大的放在一排。
(4) 通电调试时一定要有老师在场,注意安全,严格遵守操作规程。

五、考核标准

考核标准如表 5.1 所示。

表 5.1　考核标准

项目内容	考核要求	分值	成绩
个人素质考核	着装、安全意识等综合素养	20	
	分工及团队合作能力		
分析电气控制的要求	选择电器元件	15	
电路布局	绘制元器件布局图	10	
	实际布局	10	
电路安装调试	按点动控制电路图安装电路	35	
	电路安装完毕后的调试	10	

备注:超过规定时间,扣5分

开始时间		结束时间		实际时间	
综合评价					
成　　绩		评价人		日　　期	

任务二　安装三相异步电动机正反转控制电路

一、实训目的

(1) 熟悉正反转控制电路图。
(2) 能根据正反转控制电路的原理图,合理布局并按标准连接电路。
(3) 能对连接好的电路进行调试,出现故障时能排除故障。

二、实训器材

(1) YL-158 型维修电工实训考核台。
(2) 常用电工工具、万用表等。
(3) 线槽、各种规格的软线、编码管、记号笔、端子排等。

三、实训步骤

(1) 学生进行分组,每组 2~3 人。每组自行分工。
(2) 参照正反转控制电路原理图(图 5.7),各组选择相应的电器元件、电动机等。
(3) 画出元器件布局图,在实训考核台上进行布局,即准备排线槽、安装各电器元件等。
(4) 进行接线,注意规范。要进行压线并用号码管。
(5) 接好电路后自己先检查。
(6) 在老师在场的前提下进行试车调试。

四、实训注意事项

(1) 各种规格和颜色的线的使用要符合规范要求。

(2) 布线时,要走线槽,接线时要走端子排,严禁在两个电器元件间直接连线。

(3) 布局要合理,高度相差不大的放在一排。

(4) 通电调试时一定要有老师在场,注意安全,严格遵守操作规程。

五、考核标准

考核标准如表 5.2 所示。

表 5.2　考核标准

项目内容	考核要求	分值	成绩
个人素质考核	着装、安全意识等综合素养	20	
	分工及团队合作能力		
分析电气控制的要求	选择电器元件	15	
电路布局	绘制元器件布局图	10	
	实际布局	10	
电路安装调试	按正反转控制电路图安装电路	35	
	电路安装完毕后的调试	10	

备注:超过规定时间,扣 5 分

开始时间		结束时间		实际时间	
综合评价					
成　　绩		评价人		日　　期	

任务三　安装三相异步电动机 Y-△降压启动控制电路

一、实训目的

(1) 熟悉 Y-△降压启动控制电路图。

(2) 能根据 Y-△降压启动控制电路的原理图,合理布局并按标准连接电路。

(3) 能对连接好的电路进行调试,出现故障时能排除故障。

二、实训器材

(1) YL-158 型维修电工实训考核台。

(2) 常用电工工具、万用表等。

(3) 线槽、各种规格的软线、编码管、记号笔、端子排等。

三、实训步骤

(1) 学生进行分组,每组 2~3 人。每组自行分工。

(2) 参照 Y-△降压启动电路图(图 5.15),选择相应规格的电器元件、电动机等。

(3) 画出元器件布局图,在实训考核台上进行布局,即准备排线槽、安装各电器元件等。

(4) 进行接线,注意规范。要进行压线并用号码管。

(5) 接好电路后自己先检查。

(6) 在老师在场的前提下进行试车调试。

四、实训注意事项

(1) 各种规格和颜色的线的使用要符合规范要求。

(2) 布线时,要走线槽,接线时要走端子排,严禁在两个电器元件间直接连线。

(3) 布局要合理,高度相差不大的放在一排。

(4) 通电调试时一定要有老师在场,注意安全,严格遵守操作规程。

五、考核标准

考核标准如表 5.3 所示。

表 5.3　考核标准

项目内容	考核要求	分值	成绩
个人素质考核	着装、安全意识等综合素养	20	
	分工及团队合作能力		
分析电气控制的要求	选择电器元件	15	
电路布局	绘制元器件布局图	10	
	实际布局	10	
电路安装调试	按点动控制电路图安装电路	35	
	电路安装完毕后的调试	10	

备注:超过规定时间,扣 5 分

开始时间		结束时间		实际时间	
综合评价					
成　　绩		评价人		日　　期	

任务四　安装双速电动机控制电路

一、实训目的

（1）会分析双速电动机的控制电路。

（2）能根据双速电动机的原理图,合理布局并按标准连接电路。

（3）能对连接好的电路进行调试,出现故障时能排除故障。

二、实训器材

（1）YL-158 型维修电工实训考核台。

（2）常用电工工具、9205A 万用表等。

（3）线槽、各种规格的软线、编码管、记号笔、端子排等。

三、实训步骤

（1）学生进行分组,每组 2～3 人。每组自行分工。

（2）参照双速电动机控制原理(图 5.16),选择相应的电器元件、电动机等。

（3）画出元器件布局图,在实训考核台上进行布局。

（4）进行接线,注意规范。要进行压线并用号码管。

（5）接好电路后自己先检查。

（6）在老师在场的前提下进行试车调试。

四、实训注意事项

（1）各种规格和颜色的线的使用要符合规范要求。

（2）布线时,要走线槽,接线时要走端子排,严禁在两个电器元件间直接连线。

（3）布局要合理,高度相差不大的放在一排。

（4）通电调试时一定要有老师在场,注意安全,严格遵守操作规程。

五、考核标准

考核标准如表 5.4 所示。

表 5.4　考核标准

项目内容	考核要求	分值	成绩
个人素质考核	着装、安全意识等综合素养	20	
	分工及团队合作能力		
分析电气控制的要求	选择电器元件	15	
电路布局	绘制元器件布局图	10	
	实际布局	10	
电路安装调试	按点动控制电路图安装电路	35	
	电路安装完毕后的调试	10	

备注:超过规定时间,扣 5 分

开始时间		结束时间		实际时间	
综合评价					
成　绩		评价人		日　　期	

 项目小结

　　基本控制电路可以分为启动控制电路、调速控制电路和制动电路。启动控制电路包括全压启动(包括点动控制、连续单向运转控制和正反转控制)和降压启动电路(串电阻降压控制、Y-△降压控制)。调速控制电路主要介绍双速控制。制动电路包括反接制动控制和能耗制动控制电路。

习题

1. 画出点动控制电路图,并简述其工作过程。
2. 画出正反转控制电路图,并简述其工作过程。
3. 画出定子串电阻降压启动电路图,并简述其工作过程。
4. 画出 Y-△降压启动电路图,并简述其工作过程。
5. 画出反接制动控制电路图,并简述其工作过程。
6. 画出双速电动机控制电路图,并简述其工作过程。
7. 为什么电动机在启动时使用降压启动? 常见的降压启动方法有哪些?
8. 常见的电动机制动方法有哪些?
9. 电动机常见的启动方法有哪些? 画出定子串电阻启动的电路图。并简单说明电路的启动、正常运行和制动过程。
10. 电动机的过载保护可以采用＿＿＿＿＿＿＿＿或＿＿＿＿＿＿＿＿。
11. 三相异步电动机常用的制动方法有＿＿＿＿＿＿、＿＿＿＿＿＿和＿＿＿＿＿＿。
12. 直流电动机常用的调速方法有＿＿＿＿＿＿、＿＿＿＿＿＿和＿＿＿＿＿＿。

13. 电气控制系统中常用的保护环节有＿＿＿＿＿＿＿、＿＿＿＿＿＿＿、＿＿＿＿＿＿＿和＿＿＿＿＿＿＿。

14. 画出时间继电器线圈的图形符号。

15. 辅助电路包括＿＿＿＿＿＿＿、＿＿＿＿＿＿＿和＿＿＿＿＿＿＿。

16. 实现点动控制可以将＿＿＿＿＿＿＿直接与接触器的线圈串联,电动机的运行时间由＿＿＿＿＿＿＿决定。

17. 接触器自锁的连续控制电路具有＿＿＿＿＿＿＿保护和＿＿＿＿＿＿＿保护,不会发生因为未经启动而线圈直接吸合接通电源的事故。

18. 采取一定措施使电动机在切断电源后迅速地停车的过程,称为电动机的＿＿＿＿＿＿＿。

19. 控制电动机反接制动的电器应是(　　　　)。

A. 电流继电器　　　B. 时间继电器　　　C. 速度继电器　　　D. 位置传感器

20. 按下复合按钮或接触器线圈通电时,其触点动作顺序是(　　　　)。

A. 常闭触点先断开　　　　　　　　B. 常开触点先闭合

C. 两者同时动作　　　　　　　　　D. 两者先后顺序不受限制

21. 某三相异步电动机额定电流为 10 A,用于短路保护的熔断器熔体额定电流应为(　　　　)。

A. 10 A　　　　　　B. 25 A　　　　　　C. 50 A　　　　　　D. 8 A

22. 控制工作台自动往返的控制电器是(　　　　)。

A. 自动空气开关　　　B. 时间继电器　　　C. 行程开关　　　D. 转换开关

23. 具有失压保护作用的控制方式是(　　　　)。

A. 自锁控制　　　　　　　　　　　B. 刀开关手动控制

C. 点动控制　　　　　　　　　　　D. 互锁控制

24. 三相异步电动机的正反转控制的关键是改变(　　　　)

A. 电源电压　　　　B. 电源电流　　　　C. 电源相序　　　　D. 负载大小

25. 改变直流电动机励磁绕组的极性是为了改变(　　　　)

A. 磁场方向　　　　B. 电动机转向　　　　C. 电流的大小　　　　D. 电压的大小

项目六　CA6140普通车床电气控制线路及检修方法

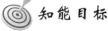

知能目标

1. 知识目标

（1）了解CA6140普通车床的主要结构和运动形式。

（2）熟悉CA6140普通车床的电气原理图，掌握其电气控制电路的分析方法。

（3）掌握CA6140普通车床电气控制原理图的识读方法。

2. 技能目标

（1）会分析CA6140普通车床的电气控制线路图。

（2）能找出CA6140普通车床的常见故障。

基础知识

车床是一种广泛用来对金属进行切削加工的机床。可以用来车削内外圆、螺纹、端面和定型表面，也可用铰刀和钻头等进行加工。本项目以较常用的CA6140普通车床为例进行介绍。

CA6140是该车床的型号，其中：C表示车床，A是结构特性代号，6是指组代号，1指系代号，40是主参数的折算值。

知识链接一　CA6140普通车床的主要结构及运动形式

一、主要结构

图6.1是CA6140普通车床的结构图。由图中我们可以看出，它主要由床座、床身、溜板箱、主轴箱、进给箱、挂轮架、溜板、操作手柄等几部分组成。

床座分为左、右床座，由它们支撑着床身。床身上固定着挂轮架、光杠、尾架等部件。

二、主要运动形式

CA6140普通车床的主要运动形式分为主运动、进给运动和辅助运动。其中,进给运动包括横向进给运动和纵向进给运动。

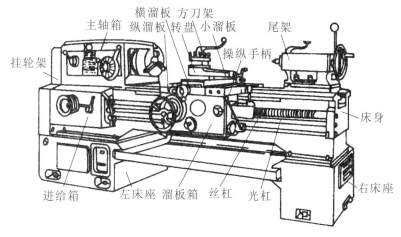

图6.1　CA6140普通车床的结构

1．主运动

CA6140普通车床的主运动指的是工件的旋转运动。主运动主要通过主轴电动机提供动力,加工时只需要单一方向旋转。

2．进给运动

进给运动主要指的是刀具横向和纵向的直线运动,其主要靠溜板带动。进给运动是工件能被连续切削的保证。

CA6140普通车床的进给运动包括横向进给运动和纵向进给运动。横向进给运动是指横溜板带动刀具做横向走刀运动。纵向进给运动是指纵溜板带动刀具沿床身导轨所做的纵向走刀运动。

3．辅助运动

CA6140普通车床的辅助运动指的是刀架快速进退运动、工件的夹紧放松运动以及尾架的移动。

知识链接二　CA6140普通车床的电气控制要求

CA6140普通车床在电气控制方面有以下要求:

(1)主轴电动机一般选用笼型电动机。因为在车螺纹时要求主轴的旋转转速与进给时刀具的移动距离有一定的比例关系,所以进给运动与主运动要由同一台电机拖动。

主轴电动机可直接启动;车螺纹时的反转通过机械方式实现;主轴电动机的调速采用机

械方式,无电气调速要求。

（2）需要一台冷却泵电动机车来输送冷却液,防止加工时刀具和工件温度过高。冷却泵电动机与主轴电动机工作还有一定的顺序关系,启动时在主轴电机之后,停止时与主轴电机同步。

（3）刀架的快速移动需要一台独立的电动机拖动,采用点动控制。

（4）电路要有短路、过载、失压和欠压等必要的保护装置。

（5）电路要有对照明灯和指示灯的控制。

知识链接三　CA6140 普通车床的电气原理分析

图 6.2 是 CA6140 普通车床电气原理图。由图可以看出,其原理图有 12 个分区,按功能分为四大部分:1 区是电源开关及保护电路部分;2～4 区是主电路部分（包括主轴电动机、冷却泵电动机和刀架快速移动电动机）;5～10 区是控制电路部分（包括变压与短路保护、断路保护、主轴电动机控制、刀架快速移动电机控制、冷却泵电动机控制）;11～12 区为照明和保护电路部分。

一、电源开关及保护电路(1 区)

CA6140 普通车床由三相电源 L1、L2、L3 供电。主电路电源由三相电源直接提供,控制电路及照明电路电源由 L1、L2 两相提供。熔断器 FU(1 区)为整个电路提供短路保护。

二、主电路(2～4 区)

主电路包括主轴电动机(2 区)、冷却泵电动机(3 区)、刀架快速移动电动机(4 区)3 个部分。下面分别分析这 3 个部分的工作原理。

（一）主轴电动机(2 区)

主轴电动机 M1,为主运动和进给运动提供动力,对工件进行切削加工。主轴电动机由接触器 KM 的主触点(2 区)控制,当线圈 KM(7 区)得电后,KM 主触点闭合,M1 启动;当线圈 KM 失电时,KM 主触点断开,M1 停止运行。

热继电器 FR1 为主轴电动机提供过载保护。正常工作时,FR1(2 区)闭合,常闭触点 FR1(7 区)闭合;当主轴电动机过载时,FR1 常闭触点断开,主轴电动机断电停止运行,从而起到过载保护的作用。

主轴电动机只控制一个正转运动方向。当车螺纹需要反转时,通过摩擦离合器改变传动链实现。

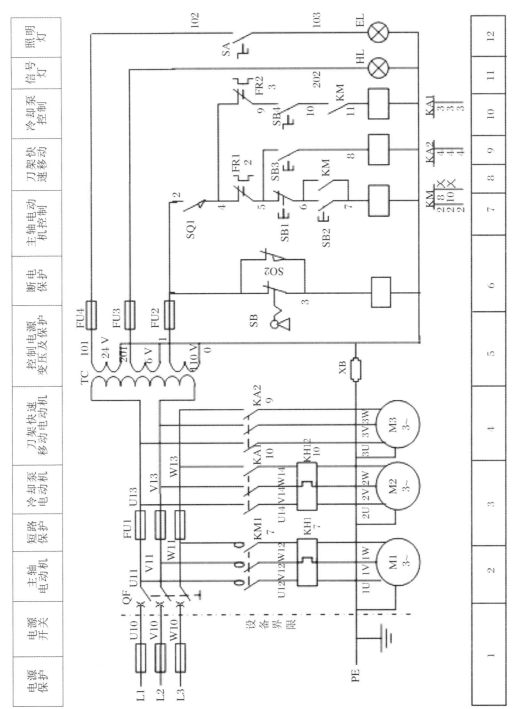

图6.2　CA6140普通车床电气原理图

（二）冷却泵电动机(3 区)

冷却泵电动机 M2 拖动冷却泵,供给磨削加工时所需要的冷却液,同时利用冷却液带走磨下的铁屑。冷却泵电动机由接触器 KA1 控制,主轴电动机启动后,当 KA1 线圈(10 区)得电时,KA1 主触点(3 区)闭合,冷却泵电动机启动运行。

热继电器 FR2(3 区)为冷却泵电动机提供过载保护。过载时,FR2 常闭触点(10 区)断开,线圈 KA1 失电,冷却泵电动机停止运行。熔断器 FU1(3 区)提供短路保护。

（三）刀架快速移动电动机(4 区)

刀架快速移动电动机 M3 主要用来带动刀架的快速移动,由接触器 KA2 控制。线圈 KA2(9 区)得电后,主触点 KA2(4 区)闭合,刀架快速移动。M3 电动机是点动控制的且容量较小,无需过载保护。

三、控制电路(5～10 区)

L1、L2 两相电源经变压器变压后提供三挡电源,其中的 110 V 电源供给控制电路。熔断器 FU2(5 区)为控制电路提供短路保护。控制电路电源接通需要旋钮开关 SB 扭到开的位置或压下 SQ2 并合上低压断路器。

（一）对主轴电动机 M1 的控制(7～8 区)

M1 的启动:按下 SB2→KM 线圈得电→主触点 KM 闭合;辅助常开触点 KM(7 区)闭合并自锁→M1 启动并运行。

M1 的停止:按下停止按钮 SB1→线圈 KM 失电→主触点 KM 断开→M1 停止运行。

（二）对刀架快速移动电动机 M3 的控制(9 区)

M3 的启动:按下 SB3 按钮→KA2 线圈得电→KA2 主触点闭合→M3 启动运行。

M3 的停止:松开 SB3 按钮→KA2 线圈失电→KA2 主触点断开→M3 停止运行。

M3 是点动控制,无自锁环节。

（三）对冷却泵电动机 M2 的控制(10 区)

M2 的启动:当主轴电动机 M1 启动后,按下 SB4→KA1 线圈得电→KA1 主触点闭合→M2 启动运行。

M2 的停止:按下 SB1→KM 线圈断电→KM 辅助常开触点(10 区)断开→KA1 线圈失电→KA1 主触点断开→M2 停止。

冷却泵电动机 M2 与主轴电动机之间是顺序控制,通过 KM1 的常开触点实现控制。

四、照明和指示电路(11～12 区)

（一）指示电路(11 区)

指示电路由变压器提供 6 V 的电源。FU3(5 区)为指示电路提供短路保护。指示灯

HL(10区)的另一端必须接地。

（二）照明电路（12区）

照明电路由变压器提供24 V电源，由FU4(5区)提供短路保护，SA(12区)作为照明开关。需要照明时，将SA扭到开的位置即可。

知识链接四　CA6140普通车床的故障检测与分析

一、CA6140普通车床的常见故障

1. 断路器合不上
（1）开关SB处于闭合位置，应将其扭到断开位置。
（2）行程开关SQ2处于闭合状态，应将其按下使其断开。

2. 所有电动机都无法启动，但指示灯亮
（1）熔断器FU2已熔断，更换熔断器即可。
（2）行程开关SQ1未被闭合，将挂轮架罩罩好即可。

3. 主轴电动机无法启动
（1）热继电器FR1已动作脱口，检查热继电器动作的原因，修复并复位。
（2）按下SB2，KM不吸合，若是按钮的触点接触不良，修复或更换按钮；若是接触器KM1或其线圈损坏应更换接触器。
（3）电动机本身故障，应进行修复或更换。

4. 按启动按钮后，电动机无法运行，只嗡嗡作响
（1）FU或FU1有一相烧坏，应更换。
（2）主触点有一对没接触好。
（3）由电源接到电动机的线可能有一处断掉了或者接触不良。

5. 主轴电动机无法自锁
7区KM的辅助常开触点接触不良，修复好即可正常工作。

6. 主轴电动机无法停止
（1）接触器主触点有熔焊现象或被异物卡住，应进行修复，若无法修复则更换。
（2）停止按钮故障，应更换。

7. 主轴电机启动后，冷却泵电机仍无法启动
（1）SB4损坏，更换一个按钮。
（2）FR2动作后未复位，将其复位。
（3）KA1损坏，若无法修复则更换。
（4）冷却泵电动机本身故障，应进行修复，若无法修复则更换。

8. 刀架快速移动电动机无法启动
（1）SB3损坏，应更换。
（2）KA2损坏，若无法修复则更换。

（3）电动机 M3 本身故障,应进行修复,若无法修复则更换。

9. 指示灯不亮

（1）FU3 熔断,应更换。

（2）HL 烧坏,应更换。

10. 照明灯不亮

（1）SA 损坏,应更换。

（2）EL 损坏,应更换。

（3）FU4 损坏,应更换。

二、排除故障时的注意事项

（1）熟悉 CA6140 普通车床的基本原理。

（2）检查所用的工具、仪表是否符合使用要求。

（3）排除故障时,必须修复故障点,一般不得采用元件替换法。

（4）检修时,严禁扩大故障范围或产生新的故障。

（5）要停电验电,带电检修时,必须在指导教师监护下检修,以确保安全。

 **操作实践**

任务一　安装调试 CA6140 普通车床电气控制电路

一、实训目的

（1）熟悉 CA6140 普通车床的电气原理图。

（2）能按照 CA6140 普通车床的电气原理图进行安装调试。

二、实训器材

（1）CA6140 普通车床。

（2）常用电工工具、9205A 万用表等。

（3）线槽、各种规格的软线、编码管、记号笔、端子排等。

三、实训步骤

（1）学生进行分组,每组 2～3 人。每组自行分工。

（2）参照 CA6140 普通车床的电气原理图,各组选择相应的低压电器元件、工件、电动机等。

（3）画出元器件布局图，在实训考核台上进行布局，即准备排线槽、安装各电器元件等。

（4）进行接线，注意规范。要进行压线并用号码管。

（5）接好电路后自己先检查。

（6）在老师在场的前提下进行试车调试。

四、实训注意事项

（1）电动机以及操作台要接地，各种规格和颜色的线的使用要符合规范要求。

（2）在布线时，都要走线槽，接线时要走端子排，严禁直接连线。

（3）布局要合理，高度相差不大的放在一排。

（4）通电调试时一定要有老师在场，注意安全，严格遵守操作规程。

五、考核标准

考核标准如表6.1所示。

表 6.1 考核标准

项目内容	考核要求	分值	成绩
个人素质考核	着装、安全意识等综合素养	15	
	分工及团队合作能力		
分析电气控制的要求	选择电器元件	15	
电路布局	绘制元器件布局图	10	
	实际布局	10	
电路安装调试	按 CA6140 普通车床的电气图安装电路	30	
	电路安装完毕后的调试	10	
设计说明书	编写设计说明书	10	

备注：超过规定时间，扣5分

开始时间		结束时间		实际时间	
综合评价					
成　　绩		评价人		日　　期	

任务二　CA6140 普通车床的故障排除与检测

一、实训目的

（1）熟悉 CA6140 普通车床的主要结构和工作原理。
（2）根据 CA6140 普通车床的电气原理图分析各部分电路的工作过程。
（3）掌握电气电路的故障分析方法。
（4）能根据故障现象，使用万用表找出故障点，并排除故障。

二、实训器材

（1）常用电工工具、9205A 万用表等。
（2）CA6140 普通车床。

三、实训步骤

（1）首先，学生熟悉并回忆 CA6140 普通车床的结构和运动形式；在老师的讲解下，掌握 CA6140 普通车床的工作情况和操作方法。
（2）参照配套的电气设备安装布置图和元件布置图，熟悉各个电器元件的位置以及走线情况，需要检测时能快速找到相关检测点。
（3）老师讲解检修的一般步骤，并人为设置一些故障点，现场向学生演示如何检测故障，边操作边讲解，让学生能理解并记住相关步骤。学生可以针对老师的讲解和操作提出疑问。
（4）学生自行分组，每组 2～3 人，并人为设置两处故障点，让学生按照检修步骤自己动手排除故障。
（5）检修时做好检修记录。实训完毕后，填写实训报告。

四、实训注意事项

（1）在检修前要对 CA6140 车床的结构、元件位置以及工作原理非常熟悉。
（2）认真观看老师示范检修过程，熟悉检修的步骤。
（3）检修时，能停电检测的要停电检测并验电。带电检修时，要有老师在场，确保用电安全。
（4）使用工具仪表进行检测时要规范，防止因不必要的错误造成工具及设备的损坏。
（5）实训时要认真做好实训记录，实训完毕填写实训报告。

五、评分标准

评分标准如表6.2所示。

表6.2　评分标准

项目内容	考核要求	分值	评分标准	扣分
故障描述	对故障现象进行描述	20	(1) 描述少1处扣5分； (2) 描述错1处扣5分	
故障分析	根据故障现象分析可能的原因，并标出故障范围	20	(1) 标不出故障范围，每个扣5分； (2) 标错故障范围，每个扣5分	
故障处理	正确使用工具和仪表，找出故障并排除	50	(1) 不能排除故障点，每个扣10分； (2) 损坏元器件，扣30分； (3) 扩大故障范围或产生新的故障，扣30分； (4) 工具和仪表使用不正确，每次扣5分； (5) 在学生实训时，老师随机提问相关问题，回答不出或错误扣2分	
实训报告填写		10	不按时完成的或者不完整的酌情扣分	
安全文明操作和素养			违反安全操作，或衣着不合规定，酌情扣分	

备注：超过规定时间，扣5分

开始时间		结束时间		实际时间		
综合评价						
成　　绩		评价人		日　　期		

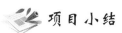 项目小结

车床是一种广泛用来对金属进行切削加工的机床。可以用来车削内外圆、螺纹、端面和定型表面，也可用铰刀和钻头等进行加工。

CA6140普通车床的主要运动形式分为主运动、进给运动和辅助运动。其中，进给运动包括横向进给和纵向进给运动。主运动指的是工件的旋转运动；进给运动是指刀具的横向和纵向的直线运动；辅助运动是指刀架快速进退运动、工件的夹紧放松运动以及尾架的移动。

CA6140普通车床共用三台笼型异步电动机。M1为主轴电动机，为主运动和进给运动提供动力；M2是冷却泵电动机，拖动冷却泵输送冷却液；M3为刀架快速移动电动机，拖动刀架的快速移动。

 习题

1. CA6140 普通车床的主轴是如何实现正反转的？

2. CA6140 普通车床一共有几台电动机？它们的作用分别是什么？

3. 为什么主运动和进给运动共用一台电动机？

4. CA6140 普通车床因过载而自动停车，为什么按下启动按钮后，仍然无法启动？

5. 为什么 CA6140 普通车床的主轴电动机只能实现点动？试分析可能的原因。

6. CA6140 普通车床由哪几部分组成？

7. CA6140 普通车床的两个行程开关 SQ1、SQ2 分别有什么作用？

8. CA6140 车床主轴电动机若缺相，会发出嗡嗡声，转矩下降，可能导致（　　　）。

A. 电动机烧毁　　　B.控制电路烧毁　　　C. 电机加速运动　　　D. 以上都不是

9. CA6140 车床的主轴电动机 M1 启动后不能自锁，造成这种故障可能的原因是_____。

项目七 M7130 平面磨床电气控制线路及检修方法

![知能目标]

1. 知识目标
(1) 了解 M7130 平面磨床的主要结构和运动形式。
(2) 熟悉 M7130 平面磨床的电气原理图,掌握其电气控制电路的分析方法。
(3) 掌握 M7130 平面磨床电气控制原理图的识读方法。
2. 技能目标
(1) 会分析 M7130 平面磨床的电气控制线路图。
(2) 能找出 M7130 平面磨床的常见故障。

![基础知识]

磨床是用砂轮的端面或周边对工件的表面进行加工的精密机床。按照所加工表面的不同,可以分为平面磨床、内圆磨床、外圆磨床、工具磨床以及各种专用磨床(如齿轮磨床、螺纹磨床、球面磨床、花键磨床)。在生产中,最常用的是平面磨床。本项目就以 M7130 型平面磨床为例进行分析。

M7130 是平面磨床的型号,其中:M 代表磨床,7 代表平面,1 代表这种磨床是卧轴柜台式,30 代表工作台工作面宽是 30 cm。

知识链接一 M7130 平面磨床的主要结构及运动形式

一、主要结构

图 7.1 为 M7130 平面磨床的结构图。由图可看出,M7130 由床身、工作台、电磁吸盘、砂轮箱、滑座、立柱等几部分组成。

床身上装有液压传动装置和自动润滑装置。工作台通过液压传动装置中火花塞杆的推动做往复运动,其运动的长度可通过调节安装在工作台正面槽中的换向撞块的位置来改变。电磁吸盘是用来固定加工工件的,而其本身是由工作台表面的 T 型槽固定的。

立柱固定在床身上,滑座安装在立柱的导轨上,砂轮箱安装在滑座的水平导轨上,滑座内部还装有液压传动机构。

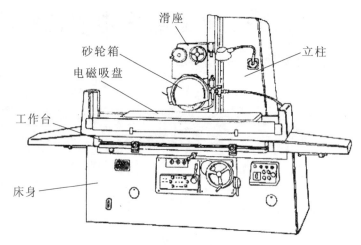

图 7.1　M7130 平面磨床结构图

二、运动形式

M7130 平面磨床的主要运动形式分为主运动和进给运动。主运动是指砂轮的旋转运动,进给运动包括横向进给(砂轮架的横向进给)、垂直进给(砂轮架的升降运动)、纵向进给(工作台的往复运动)。

1．主运动

主运动为砂轮电动机 M1 拖动砂轮做旋转运动。因为砂轮的旋转运动不需要调速,所以使用一般的三相异步电动机拖动即可。

2．横向进给

横向进给指的是砂轮架沿滑座的水平导轨所做的横向运动。在加工过程中,当工作台换向时,砂轮架横向进给一次。横向进给可以由液压传动控制,也可手动控制。

3．垂直进给

垂直进给是指滑座沿立柱的垂直导轨做上下运动。垂直进给是通过操作手轮控制机械传动装置实现的。

4．纵向进给

纵向进给指的是工作台的往复运动。纵向进给是由液压传动控制的。液压泵电动机 M3 拖动液压泵,工作台在液压泵的作用下做纵向往复运动。当换向挡铁碰撞到床身上的液压换向开关时,工作台就能自动改变运动的方向。

知识链接二　M7130 平面磨床的电气控制要求

(1) 砂轮电动机一般选用笼型三相异步电动机,完成平面磨床的主运动。砂轮旋转无需调速,无需换向,可直接启动。

（2）平面磨床的进给运动一般靠液压传动,因而需要一台液压泵电动机驱动液压泵。液压泵电动机也无需调速,无需换向,可直接启动。

（3）需要一台冷却泵电动机输送冷却液。冷却泵电动机必须在砂轮电动机运行后才能运行,因而跟砂轮电机之间需要实现顺序控制,要求砂轮电动机启动后,冷却泵电动机才能启动。

（4）平面磨床采用电磁吸盘来固定工件。对于较大工件,也可将电磁吸盘取掉,将工件用螺钉和压板直接固定在工作台上进行加工。电磁吸盘要有充磁和退磁环节,同时为防止磨削加工时因电磁吸盘吸力不足而造成工件飞出,还要求有弱磁保护。为保证安全,电磁吸盘与三台电动机之间要有电气联锁装置,即电磁吸盘充磁后,电动机才能启动;电磁吸盘不工作或发生故障时,三台电动机均不能启动。

（5）必须有短路、过载、失压和欠压保护装置。

（6）具有安全的局部照明电路。

知识链接三　　M7130 平面磨床的电气原理分析

图 7.2 是 M7130 平面磨床的电气原理图,其电气设备安装在床身后部的壁龛盒内,控制按钮安装在床身前部的电器操纵盒上。

M7130 平面磨床的原理图有 17 个分区,按功能分为五大部分:其中 1 区为电源开关及保护电路部分;2～4 区为主电路部分(包括砂轮电动机、冷却泵电动机、液压泵电动机);5～9 区为控制电路部分(包括控制电路保护、砂轮控制、液压泵控制);10～15 区为电磁吸盘电路部分(包括整流变压器、整流器、电磁吸盘);16～17 区为照明电路部分。

一、电源开关及保护电路

M7130 平面磨床由三相电源 L1、L2、L3 供电。主电路电源由三相电源直接提供,控制电路及照明电路电源由 L1、L2 两相提供。熔断器 FU1(1 区)为整个电路提供短路保护。

二、主电路(2～4 区)

主电路部分主要从砂轮电动机(2 区)、冷却泵电动机(3 区)、液压泵电动机(4 区)三部分进行分析。

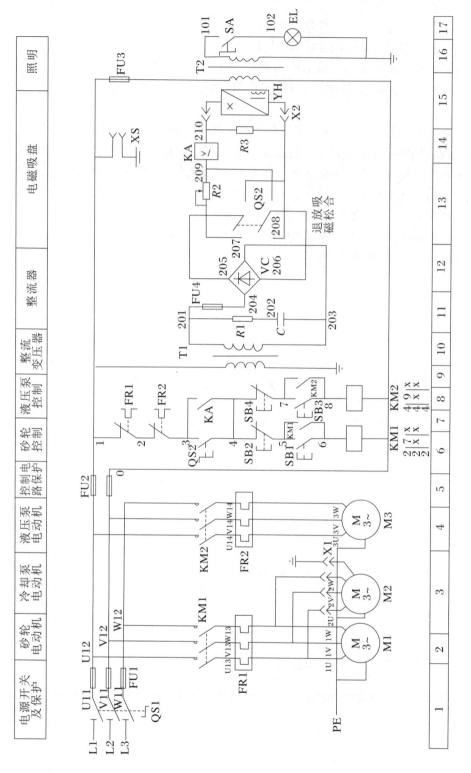

图7.2　M7130平面磨床电气原理图

（一）砂轮电动机 M1（2 区）

砂轮电动机 M1 带动砂轮转动，对工件进行磨削加工，是主运动电动机。它由主触点 KM1（2 区）控制。当 KM1 的线圈（6 区）得电后，主触点 KM1 闭合，砂轮电动机得电启动运行。热继电器 FR1 对砂轮电动机 M1 起过载保护作用。正常工作时，FR1（2 区）闭合，常闭触点 FR1（6 区）闭合；砂轮电动机过载时，FR1 常闭触点断开，砂轮电动机断电停止运行，从而起到过载保护的作用。

（二）冷却泵电动机 M2（3 区）

冷却泵电动机 M2 拖动冷却泵，供给磨削加工时需要的冷却液，同时利用冷却液带走磨下的铁屑。M2 由插头插座 X1 与电源相连接，当需要提供冷却液时才插上。冷却泵电动机 M2 由 KM1 的主触点控制，与砂轮电动机 M1 之间实现顺序控制，即只有砂轮电动机 M1 启动运行后，冷却泵电动机 M2 才能启动运行。冷却泵电动机容量比较小（即功率小），不需要过载保护。

（三）液压泵电动机 M3（4 区）

液压泵电动机 M3 拖动油泵，提供压力油，经液压传动机构完成工作台往复运动并实现砂轮的横向自动进给，同时完成工作台的润滑。M3 的启动运行由主触点 KM2（4 区）控制。当 KM2 线圈（8 区）得电后，主触点 KM2 闭合，M3 得电启动运行。热继电器 FR2 对液压泵电动机进行过载保护，其常闭触点在 6 区。

三、控制电路(5～9 区)

控制电路采用交流 380 V 电源，由熔断器 FU2 提供短路保护（5 区）。6～7 区为砂轮控制电路，8～9 区为液压泵控制电路。

控制电路只有在触点（3～4）闭合时才起作用，而触点（3～4）接通的条件是转换开关 QS2 搬到退磁位置，QS2 闭合；或者欠电流继电器 KA 的常开触点（3～4）闭合。控制电路控制各电动机的运行情况如下：

M1 与 M2 启动：按下 SB1→KM1 线圈得电吸合并自锁→砂轮电动机 M1 与冷却泵电动机 M2 启动运行。

M1 与 M2 停止：按下 SB2→KM1 线圈失电→电动机 M1 和 M2 停止。

M3 启动：按下 SB3→KM2 线圈得电吸合并自锁→液压泵电动机 M3 启动运转。

M3 停止：按下 SB4→KM2 线圈失电→电动机 M3 停止。

四、电磁吸盘电路(10～15 区)

（一）电磁吸盘

电磁吸盘主要用来吸住工件的一边进行磨削，其格式如图 7.3 所示。这个吸盘体是钢制的箱体，内部凸起的芯体上绕有线圈。钢制的盖板由非导磁材料组成并划分成许多条。

线圈通电时,这些钢条磁化为 N 极和 S 极相间的多个磁极,当工件放在电磁吸盘上时,磁力线形成闭合磁路而将工件牢牢吸住。

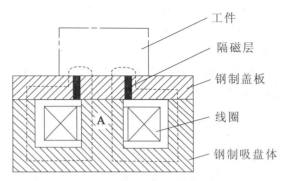

图 7.3　电磁吸盘的工作原理图

工件
隔磁层
钢制盖板
线圈
钢制吸盘体

电磁吸盘的线圈只能使用直流电,不能使用交流电,这是因为通交流电会使工件振动和铁芯发热,因而在使用时必须有整流环节将交流电转换成直流电再给电磁吸盘供电。

电磁吸盘具有操作快速简便、不损伤工件、一次能吸住一定范围内多个小工件,以及磨削中工件发热可自行伸缩、不会变形等优点。但是它只能吸住导磁性材料,如钢、铁等工件,对非导磁性材料没有吸力。

(二)电磁吸盘控制电路

电磁吸盘电路包括降压整流电路、转换开关、欠电流保护电路。

降压整流电路由变压器 T1 和桥式全波整流装置 VC 组成。变压器 T1 将交流电压 220 V 降为 127 V,通过桥式整流装置 VC 变为 110 V 的直流电,供给电磁吸盘的线圈。

电阻 R1 和电容 C 组成过电压吸收电路,防止因交流电网产生的瞬时过电压或直流电路的通断,在变压器 T1 的次级侧形成过高电压,对桥式整流电路的二极管产生危害。电容两端的电压不能突变,电容 C 通过充电能吸收高电压;加电阻 R1 的目的是防止电容 C 与变压器次级侧的电感产生振荡。

(三)电磁吸盘的"励磁""退磁""断电"三个位置

转换开关 QS2 有三个位置:"励磁""退磁"和"断电"。

当 QS2 扳到励磁位置时,QS2(205～208)和 QS2(206～209)闭合,给电磁吸盘 YH 加上 110 V 的直流电压,当通过线圈 YH 的电流足够大,产生的吸力足够大,才足以将工件吸附住;与此同时,欠电压继电器 KA 吸合,其触点 KA(3～4)闭合。此时,可通过按钮 SB1、SB3 控制三台电动机的启动,通过按钮 SB2、SB4 控制三台电动机的停止。

加工完成后,将工件取下前,需将 QS2 扳到退磁位置。QS2 处于"退磁"位置时,QS2(205～207)、QS2(206～208)、QS2(3～4)接通,电磁吸盘中通入反向电流从而退磁;加入可变电阻 R2 可防止反向磁化。

退磁结束后,将 QS2 扳至断电位置,则 QS2 的所有触点均断开,此时取下工件。如果对工件的去磁要求较高时,取下的工件还应放在交流退磁器(磨床的附件,使用时将交流退磁器的插头插在床身的插座 X2 上即可)上进一步退磁。

欠电流保护：当转换开关扳到励磁位置时，触点 QS2(3~4)断开，触点 KA(3~4)接通，若电磁吸盘的线圈断电或电流过小无法吸住工件时，欠电流继电器 KA 释放，常开触点 KA(3~4)断开，三台电动机断电停止，从而避免了因工件吸附不牢而被高速旋转的砂轮碰击飞出造成事故。

如果不需要启动电磁吸盘，应将 X2 上的插头拔掉，同时将 QS2 扳到退磁位置，这时 QS2(3~4)接通，三台电动机正常启动。

$R3$ 是放电电阻，与电磁吸盘并联，在电磁吸盘放电瞬间，吸收线圈释放的大量能量。因为电磁吸盘是个大电感，在从工作到断电的瞬间，一方面线圈会产生很高的过电压，容易将线圈的绝缘损坏；另一方面也会在 QS2 上产生电弧，使开关的触点损坏。

五、照明电路分析(16~17 区)

照明电路使用的是 36 V 的交流电。36 V 交流电是 380 交流电经变压器 T2 转换而来的。SA 为照明灯 EL 的控制开关。FU3 为照明电路提供短路保护。

知识链接四　M7130平面磨床的故障分析与检测

一、M7130 平面磨床常见故障分析

1．磨床中各电动机都不能启动

(1) 欠电流继电器触点 KA(3~4)接触不良或接线松动导致控制电路不通。可以通过将转换开关 QS2 扳到励磁位置，检查触点 KA(3~4)是否接通来判断。

(2) 转换开关触点 QS2(3~4)接触不良或有油垢导致控制电路不通。可以通过将 QS2 扳到退磁位置，拔掉电磁吸盘插头，检查 QS2 的触点是否接通来判断。

2．砂轮电动机的热继电器 FR1 脱扣

(1) 砂轮电动机轴瓦磨损，电动机堵转，电流过大，热继电器脱扣，应及时更换轴瓦。

(2) 砂轮进刀量太大，电动机堵转，电流过大，热继电器脱扣，应控制进刀量。

(3) 更换后的热继电器 FR1 的规格不对或未调整好。应根据砂轮电动机的额定电流选择合适的热继电器并调整好。

3．冷却泵电动机不能动

(1) 冷却泵的插座已损坏，应修复插座。

(2) 冷却泵电动机已损坏，应更换。

4．液压泵电动机不能启动

(1) 按钮 SB3 或 SB4 的触点接触不良，应修复触点。

(2) 接触器 KM2 线圈已损坏，应及时更换线圈。

(3) 液压泵电动机已烧坏，应更换。

5．电磁吸盘没有吸力

(1) 熔断器 FU1、FU2 或 FU4 的触点接触不良，应修复触点。

（2）插头插座 X2 接触不良，应修理。

（3）桥式整流电路两个相邻的二极管短路或断路，此时输出电压为零，应更换整流二极管。

（4）电磁吸盘需安全断开，应修理。

（5）欠电流继电器 KA 线圈断开，应及时进行修理或更换。

6. 电磁吸盘吸力不足

（1）电磁吸盘线圈局部短路。因为电磁吸盘没密封好，冷却液流入，引起绝缘损坏。其表现为空载时整流电压较高而使电磁吸盘时电压下降很多，应更换电磁吸盘线圈。

（2）桥式整流装置元件损坏。若一个二极管断路，则整流电路的输出电压为正常值的一半，断路二极管和相对臂的二极管温度比其他两臂的二极管低。

7. 经电磁吸盘退磁后工件仍很难取下

（1）退磁电路开路，不能退磁，应检查转换开关 QS2 是否接触良好，电阻 $R2$ 是否损坏。

（2）退磁电压过高，应调整电阻 $R2$，使退磁电压为 5～10 V。

（3）退磁时间太长或太短。不同材料的工件，所需的退磁时间不同。应掌握好退磁时间。

二、排除故障时的注意事项

（1）熟悉 M7130 平面磨床的基本原理。

（2）检查所用的工具、仪表是否符合使用要求。

（3）排除故障时，必须修复故障点，一般不得采用元件替换法。

（4）检修时，严禁扩大故障范围或产生新的故障。

（5）停电要验电，带电检修时，必须在指导老师监护下检修，以确保安全。

 **操作实践**

任务　检修 M7130 平面磨床电气控制电路

一、实训目的

（1）熟悉 M7130 平面磨床的主要结构和工作原理。

（2）根据 M7130 平面磨床的电气原理图分析各部分电路的工作过程。

（3）掌握电气电路的故障分析方法。

（4）能根据故障现象，使用万用表找出故障点，并排除故障。

二、实训器材

（1）常用电工工具、9205A万用表等。
（2）M7130平面磨床。

三、实训步骤

（1）学生联系学过的内容，熟悉M7130平面磨床的结构和运动形式；在老师的讲解下，了解M7130平面磨床的工作情况和操作方法。M7130平面磨床电气设备安装布置图如图7.4所示。

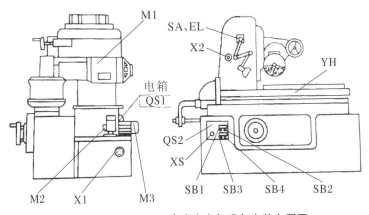

图7.4　M7130平面磨床电电气设备安装布置图

（2）参照配套的电气设备安装布置图和元件布置图，熟悉各个电器元件的位置以及走线情况，需要检测时能快速找到相关检测点。

（3）老师先讲解检修的一般步骤，接着人为设置一些故障点，现场向学生演示如何检测故障，边操作边讲解，让学生能理解并记住相关步骤。之后，再设置两处故障点，让学生按照检修步骤自己动手排除故障。

四、实训注意事项

（1）在检修前要对M7130平面磨床的结构、元件位置以及工作原理非常熟悉。

（2）认真观看老师示范检修过程，要熟悉检修的步骤。

（3）检修时，能停电检测的要停电检测并验电。带电检修时，要有老师在场，确保用电安全。

（4）使用工具仪表进行检测时要规范，防止不必要的错误造成工具及设备的损坏。

（5）实训时要认真做好实训记录，实训完毕填写实训报告。

五、评分标准

评分标准如表 7.1 所示。

表 7.1 评分标准

项目内容	考核要求	分值	评分标准	扣分
故障描述	对故障现象进行描述	20	(1) 描述少 1 处扣 5 分； (2) 描述错 1 处扣 5 分	
故障分析	根据故障现象分析可能的原因，并标出故障范围	20	(1) 标不出故障范围，每个扣 5 分； (2) 标错故障范围，每个扣 5 分	
故障处理	正确使用工具和仪表，找出故障并排除	50	(1) 不能排除故障点，每个扣 10 分； (2) 损坏元器件，扣 30 分； (3) 扩大故障范围或产生新的故障，扣 30 分； (4) 工具和仪表使用不正确，每次扣 5 分； (5) 在学生实训时，老师随即提问相关问题，回答不出或错误扣 2 分	
实训报告填写		10	不按时完成的或者不完整的酌情扣分	
安全文明操作和素养			违反安全操作，或衣着不合规定，酌情扣分	
备注：超过规定时间，扣 5 分				
开始时间		结束时间		实际时间	
综合评价				
成　　绩		评价人		日　　期	

 项目小结

　　磨床是用砂轮的端面或周边对工件的表面进行加工的精密机床。按照所加工表面的不同，可以分为平面磨床、内圆磨床、外圆磨床、工具磨床以及各种专用磨床（如齿轮磨床、螺纹磨床、球面磨床、花键磨床）。

　　M7130 平面磨床的主要运动形式分为主运动和进给运动。主运动是指砂轮的旋转运动，进给运动包括横向进给（砂轮架的横向进给）、垂直进给（砂轮架的升降运动）、纵向进给（工作台的往复运动）。

　　M7130 平面磨床共有三台异步电动机：M1 是砂轮电动机，拖动砂轮做旋转运动；M2 为冷却泵电动机，用来输送冷却液；M3 为液压泵电动机，拖动工作台做纵向运动。

　　电磁吸盘是 M7130 平面磨床的重要组成部分，它可以用来固定工件以方便进行加工。

习题

　　1. M7130 平面磨床的主要运动形式有哪些？分别由哪个电动机拖动？

2. 在 M7130 平面磨床的电气控制电路图中,欠电流继电器 KA 和电阻 $R3$ 的作用是什么?

3. M7130 平面磨床为什么要用电磁吸盘? 它有什么优点?

4. 电磁吸盘吸力不足会造成什么后果? 该怎么预防?

5. M7130 平面磨床的桥式整流电路中,如果有一个二极管因烧坏而断开,会出现什么问题?

6. 试将 M7130 平面磨床的砂轮电动机 M1 改为 Y/△启动,画出改造后的电气控制线路图。

7. 磨床的电磁吸盘是用交流电还是直流电? 为什么?

8. 图 7.2 中,M7130 平面磨床的电气原理图中,11 区的 $R1$ 和 C 的作用是什么?

9. M7130 型平面磨床电磁吸盘退磁不好的原因有哪些?

10. M7130 平面磨床的电磁吸盘控制电路由哪几部分组成?

11. 磨床的主要功能是什么? 常见的磨床有哪些?

项目八 Z37 摇臂钻床电气控制线路及检修方法

 知能目标

1. 知识目标
（1）了解 Z37 摇臂钻床的主要结构和运动形式。
（2）熟悉 Z37 摇臂钻床的电气原理图，掌握其电气控制电路的分析方法。
（3）掌握 Z37 摇臂钻床电气控制原理图的识读方法。
2. 技能目标
（1）能根据 Z37 摇臂钻床的电气控制图分析其工作情况。
（2）能找出 Z37 摇臂钻床的常见故障。

基础知识

钻床是一种常见的孔加工机床，一般用来加工对精度要求不高的孔（加工对精度要求高的孔一般用镗床），也可用来扩孔、铰孔、镗钻及攻螺纹等。按照结构的不同，镗床可以分为立式镗床、卧式镗床、台式镗床和深孔镗床。Z37 摇臂镗床是一种常用的立式钻床，其适用于各种单件或批量生产中的多孔大型零件加工。本章以 Z37 摇臂钻床为例进行分析。

Z37 是摇臂钻床的型号，其中：Z 代表钻床，3 代表摇臂，7 代表最大钻孔直径为 7 cm。

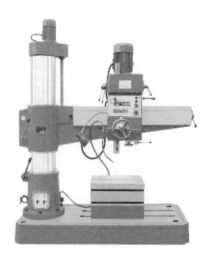

图 8.1   Z37 摇臂钻床外形图

知识链接一　Z37 摇臂钻床的主要结构及运动形式

一、主要结构

图 8.2 是 Z37 摇臂钻床的主要结构图。由此图可以看出,Z37 摇臂钻床主要由立柱
(内、外立柱)、摇臂、主轴箱、电动机、导轨、主轴、工作台、丝杆和底座等部分组成。

底座上的一端固定着工作台,另一端固定着内立柱。内立柱的外面套着外立柱,外立柱可绕着内立柱回转一周。摇臂的一端是套筒,其套在外立柱的表面,经由丝杆的正反转控制摇臂的升降。需要注意的是,摇臂只能和外立柱一起绕着内立柱回转,摇臂是不能沿着外立柱转动的。摇臂的水平导轨上安装有主轴箱,主轴箱里装有主轴旋转和进给的全部机构,如主传动电动机、主轴及其传动机构、进给和变速机构、机床操作机构等。通过操纵手轮可控制主轴箱在导轨上的水平移动。

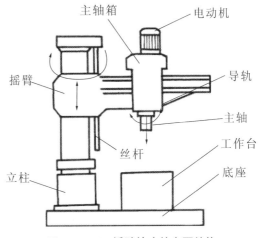

图 8.2　Z37 摇臂钻床的主要结构

二、运动形式

摇臂钻床的运动形式有主运动、进给运动和辅助运动。其中主运动为主轴带动钻头的旋转运动;进给运动是钻头的上下运动;辅助运动有:摇臂沿外立柱的上下运动,主轴箱沿摇臂的水平移动,摇臂与外立柱一起沿内立柱的回转运动。

主运动和进给运动都由主轴电动机拖动,主轴的变速和翻转都是由机械方法实现的。摇臂沿外立柱的上下运动(辅助运动),是由一台摇臂升降电动机带动丝杆的正反转实现的。立柱和主轴箱的松紧都是由立柱松紧电动机和液压装置一起配合实现的。

知识链接二　Z37 摇臂钻床的电气控制要求

(1) 主轴电动机一般用三相异步笼型电动机。因为主轴的变速和反转都是采用机械方法实现的,而不是电气方法,所以主轴电动机无调速和反转的电气要求,可直接启动。

(2) 摇臂升降电动机要有正反转控制,可直接启动。工作过程中,由摇臂沿外立柱的上下运动(辅助运动),这就需要由升降电动机驱动丝杆的正反转来实现。摇臂的升降要有限位保护。

(3) 需要一台能正反转、直接启动的液压泵电动机,来驱动液压泵完成主轴、摇臂和立柱的松紧。

(4) 需要一台冷却泵电动机输送冷却液。

(5) Z37 钻床的很多工作状态都是由十字开关 SA 控制的,为了防止误操作,控制电路需要设置零压保护。

(6) 电路中要有短路、过载、失压、欠压保护装置。

(7) 要有安全的局部照明装置。

知识链接三　　Z37 摇臂钻床电气原理分析

图 8.3 是 Z37 摇臂钻床的电气原理图。

Z37 摇臂钻床的电气原理图有 13 个分区,按功能分为四大部分:其中 1 区为电源开关及保护电路部分;2～7 区为主电路部分(包括冷却泵电动机、主轴电动机、摇臂升降电动机、立柱松紧电动机);8 区为照明电路部分;9～13 区为控制电路部分(包括主轴电机控制、摇臂升降控制、立柱松紧控制以及零压保护)。

下面将按照分区从左到右的顺序,分别分析这四个部分。

一、电源开关(1 区)

Z37 摇臂钻床由三相电源 L1、L2、L3 供电。三相电源经转换开关 QS1 给冷却泵电动机 M1 供电。M2、M3、M4 以及控制和照明电路的电源都是经过转换开关 QS1 和汇流环 YG 引入的。

二、主电路(2～7 区)

Z37 摇臂钻床共有 4 个电动机,分别是冷却泵电动机 M1(2 区)、主轴电动机 M2(3 区)、摇臂升降电动机 M3(4～5 区)和立柱松紧电动机 M4(6～7 区)。在这 4 个电动机中,M1 可直接启动,M2、M3 和 M4 由接触器控制启动。

(一)冷却泵电动机 M1(2 区)

冷却泵电动机 M1 作用为拖动冷却泵输送冷却液。M1 功率小,可直接启动且无需过载保护。M1 由转换开关 QS2(2 区)手动控制启停。FU1(2 区)为 M1 提供短路保护。

(二)主轴电动机 M2(3 区)

M2 为主轴电动机,安装在主轴箱顶部,为主轴和进给系统提供动力。M2 的启停由交流接触器 KM1 的主触点(3 区)控制。主轴电机 M2 也有正反转,但是 M2 的正反转不是由交流接触器控制的,而是由正反转摩擦离合器和液压系统来实现的。M2 的空挡、制动以及变速也是由液压系统实现的。热继电器 FR 为主轴电动机提供过载保护。

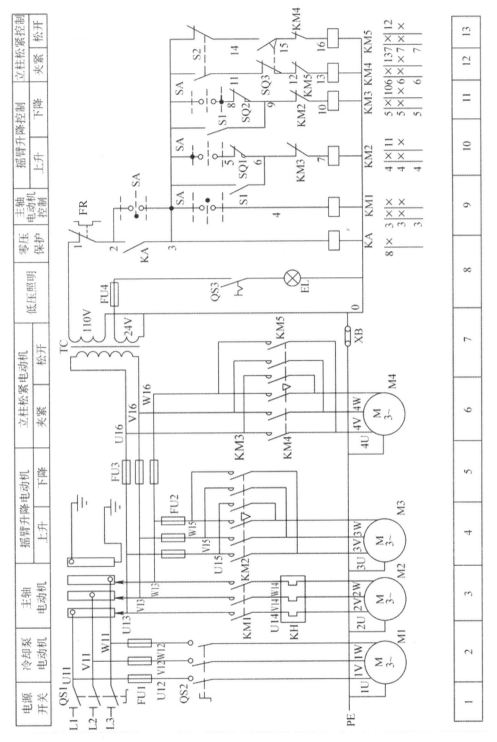

图8 3　Z37摇臂钻床的电气原理图

（三）摇臂升降电动机 M3（4～5 区）

M3 是摇臂升降电动机，安装在立柱顶部，为摇臂的上升和下降提供动力。M3 的正反转分别由交流接触器 KM2 和 KM3 的主触点（分别在 4 区和 5 区）控制。FU2（4 区）为 M3 提供短路保护。因为 M3 的每次工作时间比较短，所以不需要热继电器提供过载保护。

（四）立柱松紧电动机 M4（6～7 区）

M4 是立柱松紧电动机。M4 把压力油提供给夹紧装置，从而控制摇臂和立柱的松紧。M4 的正反转分别由交流接触器 KM4 和 KM5 的主触点（分别在 6 区和 7 区）控制。FU3（5 区）为 M4 以及控制电路部分提供短路保护。同 M3 一样，M4 的工作时间也较短，无需热继电器提供过载保护。

Z37 摇臂钻床的四个电动机中，冷却泵电动机 M1 无需正反转，其他三个电动机都可以正反转，只是主轴电动机 M2 的正反转是由非电气方式实现的，摇臂升降电动机 M3 和立柱松紧电动机 M4 是由交流接触器实现控制的。在这四个电动机中也只有主轴电动机需要热继电器提供过载保护，其余三个电动机都无需过载保护。

三、照明电路(8 区)

照明电路即图 8.3 中 8 区的低压照明部分。照明电路由变压器提供 24 V 电源。转换开关 QS3（8 区）控制照明灯 EL（8 区）的通断。FU4（8 区）为照明电路提供短路保护。

图 8.4　十字开关

四、控制电路(9～13 区)

变压器将三相电的 380 V 降为 110 V 给控制电路供电。中间继电器 KA（8 区）和十字开关 SA（9 区）为电路实现零压保护。零压保护又称失压保护，指在机床意外断电后为避免恢复供电时对人或机床造成伤害而做的保护装置。即断电后机床中所有控制电器回到零状态。主轴电动机 M2 和摇臂升降电动机 M3 的控制都是由十字开关 SA 和相应的交流接触器来实现的。

十字开关由一个十字手柄和 4 个微动开关构成，操作方便。十字开关的手柄可分别处于不同的 5 个位置上（中、上、下、左、右）可控制电机的不同工作状态。如图 8.4 所示。

表 8.1 标明了在 Z37 摇臂钻床中，十字开关 SA 手柄的不同位置对应的工作情况。

表 8.1　十字开关操作说明

手柄位置	接通的触点	工作情况
中	均不通	控制电路不得电
上	SA（3～5）	KM2 得电，摇臂上升

续表

手柄位置	接通的触点	工作情况
下	SA(3~8)	KM3 得电,摇臂下降
左	SA(2~3)	KA 得电并自锁,为接通控制电路做准备
右	SA(3~4)	KM1 得电,主轴运行

（一）主轴电动机 M2 的控制电路（9 区）

交流接触器 KM1 和十字开关 SA 一起控制主轴电动机 M2 的启停。

M2 的启动:将十字开关 SA 扳在左边位置→SA 的触点(2~3)闭合→中间继电器 KA 的线圈得电,触点闭合,完成自锁(为其他控制电路通电作准备)→将十字开关 SA 扳在右边位置→SA 的触点(2~3)断开,触点(3~4)闭合→KM1 线圈通电吸合,主轴电动机 M2 通电运行。主轴的正反转由摩擦离合器手柄控制。

M2 的停止:将十字开关 SA 扳在中间位置→主轴电动机 M2 停车。

（二）摇臂升降电动机 M3 的控制电路（10~11 区）

摇臂升降电动机 M3 为摇臂的升降提供动力,同时十字开关 SA 分别和接触器 KM2、KM3 组成双重联锁的正反转控制电路(10 区正转,11 区反转)。摇臂的升降控制应与夹紧机构液压系统紧密配合,因为在逻辑上,摇臂升降前,必须先把摇臂松开才能进行升降;而摇臂升降到位后应重新夹紧摇臂。下面分别分析摇臂上升和下降的工作过程。

1. 摇臂上升的工作过程

(KA 已通电并自锁)十字开关 SA 扳在向上位置→SA 触点(3~5)闭合→KM2 线圈得电→KM2 主触点(4 区)闭合,M3 正转→通过传动装置松开摇臂→鼓形组合开关 S1 常开触点(3~6)闭合→摇臂上升→当摇臂上升到所需位置时,将十字开关 SA 扳在中间位置→KM2 线圈失电→KM2 主触点断开,M3 停车,摇臂停止上升;同时,KM2 常闭触点(9~10)闭合,S1 常开触点(3~9)闭合→KM3 线圈得电(经节点 3、S1 常开触点、节点 9、KM2 常闭触点到 KM3 线圈)→M3 反转→通过传动装置夹紧摇臂→S1 常开触点(3~9)断开→KM3 线圈失电→M3 停车。

这里需要注意的是,当通过传动装置将摇臂松开时,S1 常开触点闭合;当通过传动装置将摇臂夹紧时,S1 常开触点断开(摇臂下降时同样适用)。电动机 M3 的控制电路是点动的,其本身无自锁环节。

2. 摇臂下降的工作过程

(KA 已通电并自锁)十字开关 SA 扳在向下位置→SA 触点(3~8)闭合→KM3 线圈得电→KM3 主触点(5 区)闭合,M3 反转→通过传动装置松开摇臂→鼓形组合开关 S1 常开触点(3~9)闭合→摇臂下降→当摇臂下降到所需位置时,将十字开关 SA 扳在中间位置→KM3 线圈失电→KM3 主触点断开,M3 停车,摇臂停止下降;同时,KM3 常闭触点(6~7)闭合,S1 常开触点(3~6)闭合→KM2 线圈得电(经过节点 3、S1 常开触点、节点 6、KM3 常闭触点到 KM2 线圈)→M3 正转→通过传动装置夹紧摇臂→S1 常开触点(3~6)断开→KM2 线圈失电→M3 停车。

行程开关 SQ1、SQ2 分别为摇臂上升和下降的限位保护开关。

（三）立柱松紧的控制电路（12～13 区）

在钻床正常工作时,内立柱是被外立柱夹紧的。摇臂和外立柱绕内立柱转动前,应扳动手柄让外立柱松开内立柱。电动机 M4 的正反转控制着立柱的松开和夹紧。组合开关 S2、位置开关 SQ3、KM4 和 KM5 共同构成了 M4 的正反转点动控制电路（12～13 区）。位置开关 SQ3 由主轴箱与摇臂夹紧机构的机构手柄操作,扳动手柄,SQ3 的触点在闭合和断开间切换。

下面分别介绍立柱的松紧控制过程。

1. 立柱松开的工作过程

当摇臂和外立柱要绕内立柱转动时,扳动夹紧机构的控制手柄→SQ3 的常开触点（14～15）闭合→KM5 线圈得电→M4 反转,立柱夹紧装置放松→当完全放松时,一方面 S2 的常闭触点（3～14）断开,KM5 线圈失电,M4 停车;另一方面 S2 常开触点（3～11）闭合,为夹紧做准备。

2. 立柱夹紧的工作过程

当摇臂转动到合适的位置,扳动手柄→SQ3 复位,SQ3 常开触点（14～15）断开;同时 SQ3 常闭触点（11～12）闭合→KM4 线圈得电→M4 正转,立柱夹紧装置夹紧→当完全夹紧时,一方面 S2 的常开触点（3～11）断开,KM4 线圈失电,M4 停车;另一方面 S2 常开触点（3～14）闭合,为松开做准备。

Z37 摇臂钻床的主轴箱在摇臂上的松开与夹紧也是由电动机 M4 拖动液压机构完成的。控制过程如下:电磁阀 YV 线圈不吸合,液压泵送出的压力油进入主轴箱和立柱的松开、夹紧油箱,推动松、紧机构实现主轴箱的松开、夹紧控制。

知识链接四　　Z37 摇臂钻床故障分析与排除

一、常见故障分析

1. 只要一启动主轴电动机 M1,熔断器 FU1 就熔断

（1）钻头被铁屑卡死。可以用磁铁吸掉钻头上的铁屑,同时检查冷却液是否能到位。

（2）进给量太大,引起主轴堵转。应控制进给量,不要太大。

2. 摇臂不能升降

（1）电源相序接反了,导致在进行相应操作时,摇臂没有被松开而是被夹紧了,不能压下 SQ3 的常开触点（14～15）。

（2）行程开关 SQ3 的位置移动,摇臂松开后没有压下 SQ3。

（3）摇臂升降电动机不能正常启动。如果摇臂已经松开,则接触器 KM2 或者 KM3 主触点可能接触不良或线圈被烧坏,应更换接触器。

（4）液压系统有故障,摇臂不能完全松开。

3. 摇臂升降后无法夹紧

（1）行程开关 SQ3 位置不明确,在未夹紧前过早压下 SQ3。

（2）液压系统有故障。

4. 摇臂升降的限位开关失灵

（1）限位开关 SQ1 或 SQ2 接触不良或损坏，可修复或更换限位开关。

（2）限位开关 SQ1 或 SQ2 触点熔焊，应更换限位开关。

二、排除故障时的注意事项

（1）严格按照老师讲授的方法和步骤，排除故障。

（2）在检修时，若损坏的元器件修复后性能不降低，应继续使用；无法修复或修复后性能下降则应该更换元器件。

（3）在更换元器件或连接导线时应注意规格和型号不变。

（4）检修时，严禁扩大故障范围或产生新的故障。

（5）停电要验电，带电检修时，必须在指导教师监护下检修，以确保安全。

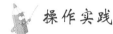 **操作实践**

任务　检修 Z37 摇臂钻床的电气控制电路

一、实训目的

（1）熟悉 Z37 摇臂钻床的主要结构和工作原理。

（2）根据 Z37 摇臂钻床的电气原理图分析各部分电路的工作过程。

（3）掌握电气电路的故障分析方法。

（4）能根据故障现象，使用万用表找出故障点，并排除故障。

二、实训器材

（1）常用电工工具、9205A 万用表等。

（2）Z37 摇臂钻床。

三、实训步骤

（1）学生联系学过的内容，熟悉 Z37 摇臂钻床的结构和运动形式；在老师的讲解下，了解 Z37 摇臂钻床的工作情况和操作方法。

（2）参照配套的电气设备安装布置图和元件布置图，熟悉各个电器元件的位置以及走线情况，需要检测时能快速找到相关检测点。

（3）老师先讲解检修的一般步骤，接着人为设置一些故障点，现场向学生演示如何检测故障,边操作边讲解,让学生能理解并记住相关步骤。之后,再设置两处故障点,让学生按照检修步骤自己动手排除故障。

四、实训注意事项

(1)在检修前要对 Z37 摇臂钻床的结构、元件位置以及工作原理非常熟悉。

(2)认真观看老师示范检修过程,要熟悉检修的步骤。

(3)检修时,能停电检测的要停电检测并验电。带电检修时,要有老师在场,确保用电安全。

(4)使用工具仪表进行检测时要规范,防止不必要的错误造成工具及设备的损坏。

(5)实训时要认真做好实训记录,实训完毕填写实训报告。

五、评分标准

评分标准如表8.2所示。

表 8.2 　评分标准

项目内容	考核要求	分值	评分标准	扣分
故障描述	对故障现象进行描述	20	(1)描述少1处扣5分; (2)描述错1处扣5分	
故障分析	根据故障现象分析可能的原因,并标出故障范围	20	(1)标不出故障范围,每个扣5分; (2)标错故障范围,每个扣5分	
故障处理	正确使用工具和仪表,找出故障并排除	50	(1)不能排除故障点,每个扣10分; (2)损坏元器件,扣30分; (3)扩大故障范围或产生新的故障,扣30分; (4)工具和仪表使用不正确,每次扣5分; (5)在学生实训时,老师随即提问相关问题,回答不出或错误扣2分	
实训报告填写		10	不按时完成的或者不完整的酌情扣分	
安全文明操作和素养			违反安全操作,或衣着不合规定,酌情扣分	

备注:超过规定时间,扣5分

开始时间		结束时间		实际时间	
综合评价					
成　　绩		评价人		日　　期	

项目小结

　　钻床是一种常见的孔加工机床,一般用来加工对精度要求不高的孔(加工对精度要求高的孔一般用镗床),也可用来扩孔、铰孔、镗钻及攻螺纹等。按照结构的不同,镗床可以分为立式镗床、卧式镗床、台式镗床和深孔镗床。

　　摇臂钻床的运动形式有主运动、进给运动和辅助运动。其中主运动为主轴带动钻头的旋转运动;进给运动是钻头的上下运动;辅助运动有:摇臂沿外立柱的上下运动,主轴箱沿摇臂的水平移动,摇臂与外立柱一起沿内立柱的回转运动。

　　Z37 摇臂钻床共有四个电动机,分别是冷却泵电动机 M1、主轴电动机 M2、摇臂升降电动机 M3 和立柱松紧电动机 M4。在这四个电动机中,M1 可直接启动,M2、M3 和 M4 由接触器控制启动。

　　在检修 Z37 摇臂钻床时,与检修其他机床一样应先进行故障调查,即先观察故障现象,用逻辑分析方法确定故障范围,接着用试验法进一步缩小故障范围,最后用万用表进行测量,最终确定故障点。在检修时应注意安全,而且不能扩大故障范围或损坏其他元器件。

习题

　　1. Z37 摇臂钻床有哪些电气控制要求?

　　2. Z37 摇臂钻床上升后不能夹紧,可能的故障原因是什么?

　　3. Z37 摇臂钻床是怎样实现零压保护的?

　　4. 行程开关 QS1、QS2、QS3 的作用分别是什么?

　　5. Z37 摇臂钻床的摇臂上升、下降动作相反,试分析可能的原因。

　　6. Z37 摇臂钻床使用的四个电动机中,为什么只有主轴电动机有过载保护,其他三个电动机无过载保护,简述原因。

　　7. 在大修后,若将摇臂升降电动机的三相电源相序反接了,则(　　　　),采取换相的方法可解决。

　　　A. 电动机不转动　　　　　　B. 使上升和下降颠倒

　　　C. 会发生短路　　　　　　　D. 电动机无法制动

　　8. 怎样才能使 Z37 摇臂钻床的摇臂在上升或下降时不超出设定的位置?

　　9. Z37 摇臂钻床一共有几台电动机? 每台电动机的作用是什么?

　　10. 钻床的作用是什么? 常见的钻床有哪几种?

项目九 X62W万能铣床电气控制线路及检修方法

知能目标

1. 知识目标

(1) 了解X62W万能铣床的主要结构和运动形式。

(2) 熟悉X62W万能铣床的电气原理图,掌握其电气控制电路的分析方法。

(3) 掌握X62W万能铣床的电气控制原理图的识读方法。

2. 技能目标

(1) 会分析X62W万能铣床的电气控制线路图。

(2) 能找出X62W万能铣床的常见故障。

基础知识

铣床是一种被广泛使用的金属切削机床。通常可以用来加工斜面、平面以及沟槽;若装上圆形工作台,可加工凸轮和弧形槽;若装上分寸头,可加工螺旋面和直齿齿轮。

铣床的分类方法也有很多。常见的有卧式铣床、立式铣床、数控铣床等。本项目主要分析X62W万能铣床。

X62W是铣床的型号,X代表铣床,6代表卧式,2代表2号铣床,W代表万能。

知识链接一 X62W万能铣床的主要结构及运动形式

一、主要结构

图9.1是X62W万能铣床的结构图。

由图9.1可以看出,X62W万能铣床主要包括底座、床身、主轴变速手柄、主轴变速盘、铣刀、主轴、升降台、工作台、进给操作手柄等。床身固定在底座上,以便安装和支撑主轴部件、变速操纵机构和主传动装置。

二、主要运动形式

X62W万能铣床的主要运动形式分为主运动、进给运动和辅助运动。

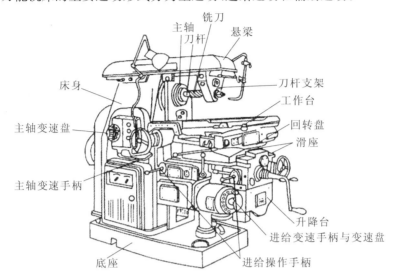

图9.1　X62W万能铣床的结构

1. 主运动

主运动是指主轴带动铣刀做旋转运动,由主轴电动机拖动。

2. 进给运动

进给运动是指工件在垂直铣刀轴线方向上的运动,包括工作台的左右、上下和前后运动。但在加工时,同一时刻进给运动只能有一个方向,通过在电路中设置联锁实现。

3. 辅助运动

辅助运动包括工作台的回旋运动和工件与铣刀相对位置的调整运动。

知识链接二　X62W万能铣床的电气控制要求

(1) 需要三台异步电动机。分别是主轴电动机、进给电动机和冷却泵电动机。

(2) 主轴电动机要求通过正反转来控制铣刀的顺铣和逆铣。调速通过机械方式实现,无电气要求。制动时通过电气制动。

(3) 进给电动机为工作台上、下、左、右、前、后6个方向的进给运动和快速移动提供动力。6个方向的进给运动要求进给电动机有正反转控制。快速移动通过电磁铁和机械挂挡来实现。加装的圆形工作台的回转运动由进给电动机经传动机构驱动。

(4) 主运动和进给运动都要求有变速冲动,这需要主轴电动机和进给电动机能进行点动控制。

(5) 根据加工工艺的要求,电路应有以下联锁控制:

① 为使铣床和刀具不致过早损坏,主轴电动机工作后,进给电动机才能工作。若出现

主轴电动机或冷却泵电动机过载的情况,进给电动机必须立即停止。

　　② 为提高工件表面的精度,进给运动停止时或停止后主运动才能停止。

　　③ 进给运动的 6 个方向间要有联锁,同时只能有一个方向的运动有效。

　　(6) 要有一台冷却泵电动机负责冷却液的输送。

　　(7) 要有照明、短路、失压、欠压、过载等保护装置。

　　(8) 主轴电动机要求两地控制,要分别有两个开和关的按钮。

知识链接三　X62W 万能铣床的电气原理分析

　　图 9.2 是 X62W 万能铣床的电气原理图。

　　由图 9.2 可以看出,X62W 万能铣床的原理图共有 16 个分区,按功能分为四大部分:1～2 区为电源开关及总短路保护电路部分;3～8 区为主电路部分(包括主轴电动机、进给短路保护、进给电动机和冷却泵电动机);9～16 区为控制、照明及保护电路部分(包括变压器,冷却泵电动机的控制,主轴电动机的控制,工作台进给、冲动及圆形工作台的控制,10 区为照明电路)。

一、电源开关及总短路保护(1～2 区)

　　X62W 万能铣床由三相电源 L1、L2、L3 供电。主电路电源由三相电源直接提供,控制电路及照明电路电源由 L1、L2 两相经变压器变压后提供。熔断器 FU1(2 区)为整个电路提供短路保护。

二、主电路(3～8 区)

　　主电路包括主轴电动机 M1(3～4 区)、进给电动机 M2 及其短路保护(5～7 区)和冷却泵电动机 M3(8 区)。

　　(一) 主轴电动机 M1(3～4 区)

　　主轴电动机 M1 主要带动铣刀进行旋转运动。它由 KM1、KM2 的主触点以及 SA5 共同控制,将 SA5 扭到正转的位置,当 KM1 的线圈(13 区)得电时,KM1 主触点(3 区)闭合,M1 正转;将 SA5 扭到反转的位置,当 KM2 的线圈(12 区)得电时,KM2 的主触点(4 区)闭合,M1 反转。FR1 为 M1 提供过载保护,当 M1 过载时,FR1 常闭触点(12 区)断开,KM1/KM2 线圈失电,M1 停止运行。

　　(二) 进给电动机 M2 及其短路保护(5～7 区)

　　进给电动机 M2 是带动工作台作进给运动的。KM3(6 区)、KM4(7 区)、KM5(7 区)的主触点分别控制着工作台 6 个方向的运动及其快速移动;这三个接触器的线圈分别在 14、15、16 区。

　　热继电器 FR2 为进给电动机 M2 提供过载保护;熔断器 FU2(5 区)提供短路保护。

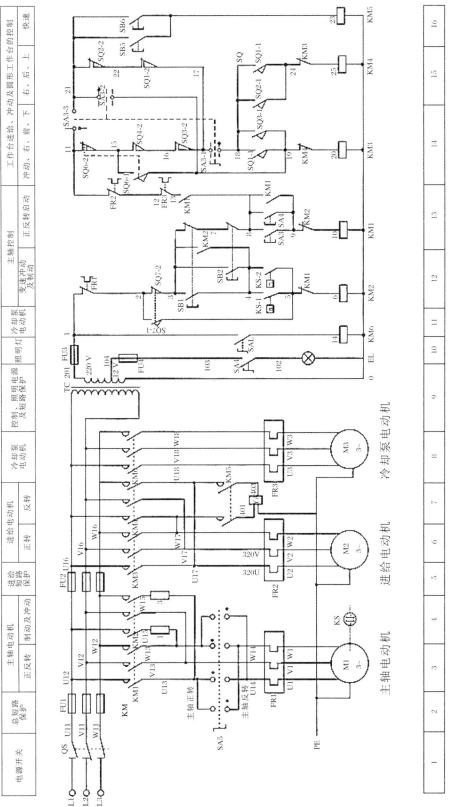

图9.2 X62W万能铣床的电气原理图

（三）冷却泵电动机 M3(8 区)

冷却泵电动机 M3 拖动冷却泵，输送冷却液，同时利用冷却液带走磨下的铁屑。它由接触器 KM6 控制，当 KM6 线圈(11 区)得电时，KM6 主触点(8 区)闭合，冷却泵电动机启动运行。

三、控制电路(9～16 区)

经变压器输出的 220 V 交流电作为控制电路的电源。FU3(10 区)为控制电路提供短路保护。

（一）主轴电动机 M1 的控制

M1 的正转：SA5(电源换向开关，控制 M1 的运行方向)扭到电动机正转的位置同时按下 SB3 或者 SB4→线圈 KM1 得电→主触点 KM1(3 区)闭合，M1 正转启动；KM1 辅助常开触点(13 区)闭合，自锁，保证 M1 连续运行。

M1 的反转：SA5(电源换向开关，控制 M1 的运行方向)扭到电动机反转的位置同时按下 SB3 或者 SB4→线圈 KM1 得电→主触点 KM1(3 区)闭合，M1 反转启动；KM1 辅助常开触点(13 区)闭合，自锁，保证 M1 连续运行。

需要注意，在 M1 启动后，当其速度达到 120 r/min 时，速度继电器 KS 的辅助常开触点 KS-1 和 KS-2(4～5)闭合，为制动做准备。

M1 的制动：按下 SB1 或 SB2，SB1 的常闭触点(3～7)或 SB2 的常闭触点(7～8)断开→KM1 线圈失电，主轴电动机 M1 断电；同时线圈 KM2 得电→KM2 主触点(4 区)闭合，KM2 辅助常开触点(12 区，3～4)闭合→电动机反接制动→当转速下降到 100 r/min 时，速度继电器的触点 KS-1 和 KS-2(4～5)断开→线圈 KM2 断电，电动机停止运行。

主轴电动机的变速冲动控制是由变速手柄和行程开关 SQ7 共同控制的。停车或运行时都可以进行变速冲动控制。

运行时 M1 的变速冲动控制：变速手柄从第一个槽扳向第二个槽的过程中，在变速盘设置相应的转速→手柄拉到第二个槽时，压下行程开关 SQ7→先是常闭触点 SQ7-2(2～3)断开，线圈 KM1 失电，电动机 M1 断电；后是 SQ7-1(2～5)闭合，线圈 KM2 得电，电动机反转→手柄拉到第二槽内，SQ7 不受凸轮控制复位，电动机 M1 停止运行→将手柄从第二槽拉回原位，凸轮又压下 SQ7，常开触点 SQ7-1(2～5)闭合，常闭触点 SQ7-2(2～3)断开→线圈 KM2 得电→电动机反向转动一下(无自锁)，使齿轮啮合。

电动机 M1 停车时的变速冲动时，SQ7 第一次动作时，电动机 M1 反转一次，SQ7 第二次动作时，M1 又反转了一次。如此实现变速冲动、齿轮啮合。

无论是停车还是运行时变速冲动，SQ7 都动作两次，第一次是手柄刚扳到第二槽，第二次是由第二槽扳回原位。但应注意的是，为防止通电时间过长导致电动机 M1 速度太快而损坏齿轮，在将手柄从第二槽扳到原位时速度应快。

（二）进给电动机的控制

进给电动机 M2 控制工作台的移动。工作台有非圆工作台和圆形工作台。转换开关 SA3 主要用来切换工作台。首先介绍非圆工作台 6 个方向的运动。在使用非圆工作台时，应将 SA3 扳到"断开"的位置,此时,SA3-3(11～21)、SA3-1(17～18)闭合,SA3-2(21～19)断开。这样,能保证 KM1 得电,主轴电动机 M1 运行,才能进行 6 个方向的控制。6 个方向的运动需要 2 个十字手柄,表 9.1 和表 9.2 显示了两个手柄进行操作时对应的工作台的运动方向情况。操作手柄采用两地控制,即每个方向都能通过两个操作手柄中的任意一个控制,两地之间无联锁控制。

表 9.1　十字手柄 1 控制工作台的运动情况

手柄位置	动作的行程开关	动作的接触器	M2 的运行方向	工作台的运动方向
左	SQ2	KM4	反转	向左
右	SQ1	KM3	正转	向右
中	无	无	无	停止

表 9.2　十字手柄 2 控制工作台的运动情况

手柄位置	动作的行程开关	动作的接触器	M2 的运行方向	工作台的运动方向
上	SQ4	KM4	反转	向上
下	SQ3	KM3	正转	向下
中	无	无	无	停止
前	SQ3	KM3	正转	向前
后	SQ4	KM4	反转	向后

1. 工作台左右(纵向)运动的控制

工作台向左运动:SA3 扳在"断开"位置,并将手柄扳到"左"的位置→线圈 KM4 得电[经过 KM1(8～13)→FR3(13～12)→FR2(12～11)→SA3-3(11～21)→SQ2-2(21～22)→SQ1-2(22～17)→SA3-1(17～18)→SQ2-1(18～24)→KM3(24～25)→KM4 线圈]→KM4 主触点(7 区)闭合→进给电动机 M2 反转→工作台向左移动。

工作台向右运动:SA3 扳在"断开"位置,并将手柄扳到"右"的位置→线圈 KM3 得电[经过 KM1(8～13)→FR3(13～12)→FR2(12～11)→SA3-3(11～21)→SQ2-2(21～22)→SQ1-2(22～17)→SA3-1(17～18)→SQ1-1(18～19)→KM4(19～20)→KM3 线圈]→KM3 主触点(6 区)闭合→进给电动机 M2 正转→工作台向右移动。

当工作台运动到左或右的极限位置,安装在工作台两端的挡铁会压下行程开关使其复位,工作台停止运行,从而实现限位保护。

2. 工作台上下和前后运动的控制

工作台向上运动:SA3 扳在"断开"位置,并将手柄扳到"上"的位置→线圈 KM4 得电[经过 KM1(8～13)→FR3(13～12)→FR2(12～11)→SA3-3(11～21)→SQ2-2(21～22)→SQ1-2(22～17)→SA3-1(17～18)→SQ4-1(18～24)→KM3(24～25)→KM4 线圈]→KM4 主触点(7 区)闭合→进给电动机 M2 反转→工作台向上移动。

工作台向下运动:SA3 扳在"断开"位置,并将手柄扳到"下"的位置→线圈 KM3 得电[经过 KM1(8～13)→FR3(13～12)→FR2(12～11)→SA3 - 3(11～21)→SQ2-2(21～22)→SQ1-2(22～17)→SA3-1(17～18)→SQ3-1(18～19)→KM4(19～20)→KM3 线圈]→KM3 主触点(6 区)闭合→进给电动机 M2 正转→工作台向下移动。

工作台向前移动:SA3 扳在"断开"位置,并将手柄扳到"前"的位置→线圈 KM3 得电[经过 KM1(8~13)→FR3(13~12)→FR2(12~11)→SA3-3(11~21)→SQ2-2(21~22)→SQ1-2(22~17)→SA3-1(17~18)→SQ3-1(18~19)→KM4(19~20)→KM3 线圈]→KM3 主触点(6 区)闭合→进给电动机 M2 正转→工作台向前移动。

工作台向后运动:SA3 扳在"断开"位置,并将手柄扳到"后"的位置→线圈 KM4 得电[经过 KM1(8~13)→FR3(13~12)→FR2(12~11)→SA3-3(11~21)→SQ2-2(21~22)→SQ1-2(22~17)→SA3-1(17~18)→SQ4-1(18~24)→KM3(24~25)→KM4 线圈]→KM4 主触点(7 区)闭合→进给电动机 M2 反转→工作台向后移动。

同样,当工作台运动至 4 个方向的极限位置,安装在床身导轨旁的挡铁会压下行程开关使其复位,工作台停止运行,从而实现限位保护。

3．工作台变速冲动的控制

工作台的变速冲动也就是进给运动的变速冲动,它是由继电器 KM3 控制的。工作台的变速冲动需要在主轴电动机 M1 运行时才能进行。

进给变速时的操作是:将蘑菇形手轮向外拉出同时把转速盘转到所需的速度,接着继续将蘑菇形手轮向外拉至极限位置后立即将其推向原位。

在进给变速冲动过程中,电路工作情况:操纵手轮,压下行程开关 SQ6→常闭触点 SQ6-2(11~15)断开,同时常开触点 SQ6-1(15~19)闭合→线圈 KM3 得电[经过 KM1(8~13)→FR3(13~12)→FR2(12~11)→SA3-3(11~21)→SQ2-2(21~22)→SQ1-2(22~17)→SQ3-2(17~16)→SQ4-2(16~15)→SQ6-1(15~19)→KM4(19-20)→KM3 线圈]→电动机 M2 转动一下(无自锁)→蘑菇形手轮回原位时,变速齿轮啮合完毕。

与主轴变速冲动一样,在将蘑菇形手轮拉回原位时动作应快,防止电动机速度过快损坏齿轮。

4．工作台快速移动的控制

不进行加工时,工作台可以进行 6 个方向的快速移动。快速移动是由接触器 KM5 控制,进给电动机 M2 拖动的。

工作台快速移动时电路的运行:按下 SB5 或 SB6(两地控制按钮)→KM5 线圈得电→KM5 主触点(7 区)闭合→接通电磁铁 YA→电动机 M2 运行→工作台按原方向快速移动。

快速移动的电路无自锁环节,当移动到所需位置,松开按下的 SB5 或 SB6 按钮即可停止快速移动,工作台按工作速度继续运动。

5．圆形工作台的控制

将 SA3 扳到"接通"的位置[触点 SA3-1(17~18)、SA3-3(11~21)断开,触点 SA3-2(19~21)接通],工作台可切换到圆形工作台。圆形工作台的工作是通过接触器 KM3 控制进给电动机 M2 的运行来实现的。

圆形工作台工作时的操作及电路运行情况如下:SA3 扳到"接通"的位置,方向控制手柄扳向"中"的位置,按下 SB3 或 SB4→线圈 KM1 得电,主轴电动机 M1 启动运行→线圈 KM3 得电[经过回路:KM1(8~13)→FR3(13~12)→FR2(12~11)→SQ6-2(11~15)→SQ4-2(15~16)→SQ3-2(16~17)→SQ1-2(17~22)→SQ2-2(22~21)→SA3-2(21~19)→KM4(19~20)→KM3 线圈]→圆形工作台工作。

需要注意的是,通过电气方式圆形工作台只能沿一个方向旋转,若需要换向必须通过机械传动机构实现。圆形工作台工作时,电路串联了 SQ1~SQ4 四个行程开关的常闭触点,这样只要扳动任意一个操作手柄的方向（只要不处于"中"的位置），KM3 线圈就会断电，圆形工作台即停止工作。

（三）冷却泵电动机 M3 的控制

冷却泵电动机 M3 通过旋动开关 SA1、控制接触器 KM6 实现启停。

M3 的启动：将 SA1 扭到"开"的位置→线圈 KM6（11 区）得电→KM6 主触点（8 区）闭合→冷却泵电动机启动运行。

M3 的停止：将 SA1 扭到"关"的位置→线圈 KM6（11 区）失电→KM6 主触点（8 区）断开→冷却泵电动机停止运行。

（四）照明电路

照明电路的电源是由变压器 TC 减压后提供 12 V 的安全电压。FU4（10 区）为照明电路提供短路保护。当需要照明时，将 SA4 扭到"开"位置，照明灯 EL 亮。不需要照明时，将 SA4 扭到"关"的位置，照明灯即灭。

知识链接四　X62W 万能铣床的故障分析与检测

一、X62W 万能铣床常见故障分析

X62W 万能铣床主电路的故障比较容易查找，这里仅讨论控制电路的故障。

（一）主轴电动机 M1 的控制电路常见故障

1．M1 无法启动
从电源引出端出来，依次检查熔断器 FU1、FU2、变压器、热继电器等。

2．按下停止按钮，M1 无法停车
可能的原因是 KM1 主触点熔焊，若按下停止按钮，KM1 不释放，即可判定。

3．按下停止按钮，可以停车，但停车速度很慢
属于无法制动，主要检查速度继电器 KS 的触点以及停止按钮 SB1 和 SB2。

4．主轴变速时无瞬时冲动
可能是行程开关 SQ7 频繁动作造成接触不良或开关底座损坏。

（二）进给电动机 M2 的控制电路常见故障

工作台 6 个方向的工作是由机械和电气方式共同实现的。可能出现的故障现象也很多，在检查时可结合故障表现，按 6 个方向的进给运动、快速移动、变速冲动以及圆形工作台的顺序依次检查，缩小故障范围，最终确定故障点。这里只列举几个常见的故障现象，在实际检修时应具体问题具体分析。

1．工作台无法左右运动（纵向进给）
因左右运动的电路与其他方向的电路存在公用部分，而其他方向正常，所以故障点在其

自己的"专用线路"上,即 SQ1-1 和 SQ2-2。

2．无法向上运动

无法单方向运动,故障在其专用线路上。因向上和向后的工作路径是相同的,所以可能的故障就是操作手柄。

3．各个方向都不能正常工作

故障在进给电动机控制电路的公共部分,即节点 8～11 间 KM1、FR3、FR2 的触点及连接导线。

4．工作台不能快速进给

在快速进给控制电路的"专用线路"上,若按下按钮,KM5 线圈不吸合,故障点是快速进给的控制按钮 SB5、SB6 或连接导线;若线圈吸合,则故障点在相应的主电路部分。

二、排除故障时的注意事项

(1) 熟悉 X62W 万能铣床的基本原理。

(2) 检查所用的工具、仪表是否符合使用要求。

(3) 排除故障时,必须修复故障点,一般不得采用元件替换法。

(4) 检修时,严禁扩大故障范围或产生新的故障。

(5) 停电要验电,带电检修时,必须在指导教师监护下检修,以确保安全。

 操作实践

任务　X62W 万能铣床的故障排除与检测

一、实训目的

(1) 熟悉 X62W 万能铣床的主要结构和工作原理。

(2) 根据 X62W 万能铣床的电气原理图分析各部分电路的工作过程。

(3) 掌握电气电路的故障分析方法。

(4) 能根据故障现象,使用万用表找出故障点,并排除故障。

二、实训器材

(1) 常用电工工具、9205A 万用表等。

(2) X62W 万能铣床。

三、实训步骤

(1) 首先,学生熟悉并回忆 X62W 万能铣床的结构和运动形式;在老师的讲解下,掌握

X62W万能铣床的工作情况和操作方法。

（2）参照配套的电气设备安装布置图和元件布置图，熟悉各个电器元件的位置以及走线情况，需要检测时能快速找到相关检测点。

（3）老师讲解检修的一般步骤，并人为设置一些故障点，现场向学生演示如何检测故障，边操作边讲解，让学生能理解并记住相关步骤。学生可以针对老师的讲解和操作提出疑问。

（4）学生自行分组，每组2～3人，并人为设置两处故障点，让学生按照检修步骤自己动手排除故障。

（5）检修时做好检修记录。实训完毕后，填写实训报告。

四、实训注意事项

（1）检修前要对X62W万能铣床的结构、元件位置以及工作原理非常熟悉。

（2）认真观看老师示范检修过程，熟悉检修的步骤。

（3）检修时，能停电检测的要停电检测并验电。带电检修时，要有老师在场，确保用电安全。

（4）使用工具仪表检测时要规范，防止不必要的错误造成工具及设备的损坏。

（5）实训时要认真做好实训记录，实训完毕填写实训报告。

五、评分标准

评分标准如表9.3所示。

表9.3　评分标准

项目内容	考核要求	分值	评分标准	扣分
故障描述	对故障现象进行描述	20	（1）描述少1处扣5分； （2）描述错1处扣5分	
故障分析	根据故障现象分析可能的原因，并标出故障范围	20	（1）标不出故障范围，每个扣5分； （2）标错故障范围，每个扣5分	
故障处理	正确使用工具和仪表，找出故障并排除	50	（1）不能排除故障点，每个扣10分； （2）损坏元器件，扣30分； （3）扩大故障范围或产生新故障，扣30分； （4）工具和仪表使用不当，每次扣5分； （5）在学生实训时，老师随即提问相关问题，回答不出或错误扣2分	
实训报告填写		10	不按时完成的或者不完整的酌情扣分	
安全文明操作和素养			违反安全操作，或衣着不合规定，酌情扣分	
备注：超过规定时间，扣5分				
开始时间		结束时间		实际时间	
综合评价					
成　　绩		评价人		日　　期	

项目小结

铣床是一种广泛使用的金属切削机床。通常可以用来加工斜面、平面以及沟槽;若装上圆形工作台,可加工凸轮和弧形槽;若装上分寸头,可加工螺旋面和直齿齿轮。常见的铣床有卧式铣床、立式铣床、数控铣床等。

X62W 万能铣床主要包括底座、床身、主轴变速手柄、主轴变速盘、铣刀、主轴、升降台、工作台、进给操作手柄等。

X62W 万能铣床的主要运动形式分为主运动、进给运动和辅助运动。主运动是主轴带动铣刀所做的旋转运动;进给运动是工件在垂直铣刀轴线的方向上的运动,包括工作台的左右、上下和前后运动;辅助运动包括工作台的回旋运动和工件与铣刀相对位置的调整运动。

X62W 万能铣床共有三台电动机,分别是主轴电动机 M1、进给电动机 M2 和冷却泵电动机 M3。M1 拖动主运动及主轴变速冲动;M2 拖动 6 个方向的进给运动、进给冲动以及工作台的快速移动;M3 拖动冷却泵输送冷却液。

习题

1. 常见的铣床有哪些?

2. X62W 万能铣床主要由哪几部分组成?

3. X62W 万能铣床有哪些电气要求?

4. X62W 万能铣床的主要运动形式有哪些?

5. X62W 万能铣床有几台电动机? 每台电动机分别有什么作用?

6. 非圆工作台和圆形工作台是怎样实现切换的?

7. X62W 万能铣床无法实现纵向进给,可能的原因是什么?

8. M1 无法制动,试分析可能的原因。

9. M1 无法启动,并伴有嗡嗡的响声,试分析可能的故障原因。

10. M1 无法实现变速冲动,试分析可能的原因。

11. X62W 万能铣床具有完善的保护环节,具体有_____、_____和工作台 6 个方向的_____。

12. 对于 X62W 万能铣床,为了工作安全,要求(   )。

A. 主轴启动后才能进给　　　　B. 进给后才能启动主轴

C. 主轴启动和进给同时进行　　　D. 两者任意启动

13. X62W 万能铣床的工作台可以在哪些方向上进给?

14. X62W 万能铣床的电气控制电路中用了几个电磁离合器? 它们的作用分别是什么? 电磁离合器为什么要采用直流电源供电?

15. X62W 万能铣床的控制电路中为什么要设置变速冲动?

16. X62W 万能铣床的工作台能左右进给,但不能前、后、上、下进给,试分析故障原因。

项目十 T68 卧式镗床的电气控制线路及检修方法

知能目标

1. 知识目标
(1) 了解 T68 卧式镗床的主要结构和运动形式。
(2) 熟悉 T68 卧式镗床的电气原理图,掌握其电气控制电路的分析方法。
(3) 掌握 T68 卧式镗床电气控制原理图的识读方法。
2. 技能目标
(1) 会分析 T68 卧式镗床的电气控制线路图。
(2) 能找出 T68 卧式镗床的常见故障。

基础知识

镗床是一种孔加工的机床,可以进行钻孔、镗孔、铰孔、扩孔,与钻床的不同在于,镗床的加工精度较高(一般加工较精确的孔,或对孔间距要求精确的工件)。镗床也有很多类型,如卧式镗床、专用镗床、坐标镗床、落地镗床、立式镗床、深孔镗床等。其中以卧式镗床的应用最为广泛。本项目以 T68 卧式镗床为例,来讨论镗床的电气控制电路以及检修方法。

T68 是镗床的型号,其中:T 代表镗床,6 是指卧式,8 代表镗轴直径为 85 mm。

知识链接一 T68 卧式镗床的主要结构和运动形式

一、主要结构

图 10.1 为 T68 卧式镗床的结构图。由图 10.1 可以看出,T68 卧式镗床主要由床身、上下滑座、前后立柱、工作台、主轴箱、变速箱、刀具溜板等组成。

床身的两端分别固定着前立柱和后立柱。

前立柱的垂直导轨上安装有镗头架,其可沿导轨垂直移动。镗头架上安装着主轴及其变速箱、进给箱以及操纵机构等。镗刀安装在镗轴前端的孔里或刀具溜板上。在加工时,镗轴在旋转的同时沿轴向做进给运动。后立柱的导轨上安装的尾座可以支撑镗轴,尾座与镗头架同时升降,能保证两者的轴心在同一水平线上。

工作台安装在床身中部的导轨上,它由上、下溜板和可转动的工作台三部分组成。上溜板可沿下溜板导轨做横向运动,下溜板可沿床身的导轨做纵向运动,可转动的工作台可做相对于上溜板的回转运动。

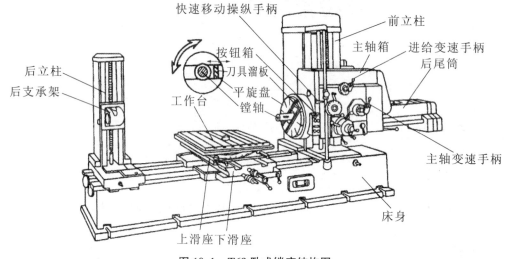

图 10.1　T68 卧式镗床结构图

二、运动形式

T68 卧式镗床的主要运动形式分为主运动、进给运动和辅助运动。

1. 主运动

主运动是主轴与平旋盘的旋转运动。

2. 进给运动

进给运动包括工作台的横向和纵向进给、镗轴的轴向运动、平旋盘上刀具的径向进给以及主轴箱的升降。

3. 辅助运动

辅助运动包括工作台的旋转运动、后立柱的纵向移动、尾架随着镗头架的升降运动和各部分的快速移动。

知识链接二　T68 卧式镗床的电气控制要求

(1) T68 卧式镗床的主运动和进给运动都是由主轴电动机拖动的。因为多种形式的运动以及加工各种工件的需要,要求主轴电动机有较大的调速范围,通常采用双速或三速笼型异步电动机拖动。

(2) 要求主轴电动机可进行正反转、点动和制动控制。

(3) 镗床的主运动和进给运动采用机械滑移齿轮有级变速,并要求有变速冲动。

（4）为了缩短加工时间,要求各运动部件能快速移动,由单独的电动机拖动。

（5）要有短路、过载、失压和欠压保护装置。

（6）要有安全的局部照明电路。

知识链接三　T68 卧式镗床的电气原理分析

图 10.2 是 T68 卧式镗床的电气原理图。由图 10.2 可以看出,T68 卧式镗床的原理图有 18 个分区,按功能可分为五大部分:其中 1 区为电源开关及保护电路部分;2～5 区为主电路部分(包括主轴电动机、快进电动机);6 区为控制电源和照明电路部分(包括控制电源、照明);7 区为电源指示电路部分;8～18 区为控制电路部分(包括主轴正反转控制、主轴和进给速度变换控制、主轴点动和制动控制、主轴的高低速控制、正反方向的快速进给控制)。

一、电源开关及保护电路(1 区)

T68 卧式镗床由三相电源 L1、L2、L3 供电。主电路电源由三相电源直接提供,控制电路及照明电路电源由 L1、L2 两相提供。熔断器 FU1(1 区)为整个电路提供短路保护。

二、主电路(2～5 区)

主电路共有主轴电动机和快进电动机 2 台电动机。

（一）主轴电动机 M1(2～3 区)

主轴电动机 M1 的主要作用是拖动镗床进行主运动和进给运动。因为要进行主运动和进给运动,所以主轴电动机 M1 的控制略复杂些,包括正反转、反接制动、双速控制等。

正反转分别由接触器 KM1、KM2 的主触点控制,控制线圈分别在 13、14 区。反接制动通过 KM3 的主触点和制动电阻 R 并联实现,控制线圈在 10 区。M1 的双速控制通过接触器 KM4、KM5 来实现:低速时通过 KM4 控制,定子绕组△连接,额定转速为 1640 r/min;高速时通过 KM5 控制,定子绕组 YY 连接,额定转速为 2880 r/min。KM4、KM5 的控制线圈分别在 15、16 区。

热继电器 FR 为主轴电动机 M1 提供过载保护。

（二）快进电动机 M2(4～5 区)

在加工工件时,为了缩短从工件到刀具的时间,一般都需要由快速移动电动机实现快速移动。T68 卧式镗床由快进电动机 M2 带动各部件的快速移动。M2 也有正反控制,可选择快进的方向,通过接触器 KM6 和 KM7 实现。KM6 和 KM7 的控制线圈分别在 17、18 区。

FU2(4 区)提供短路保护。快速移动电动机的工作时间较短,无需过载保护。

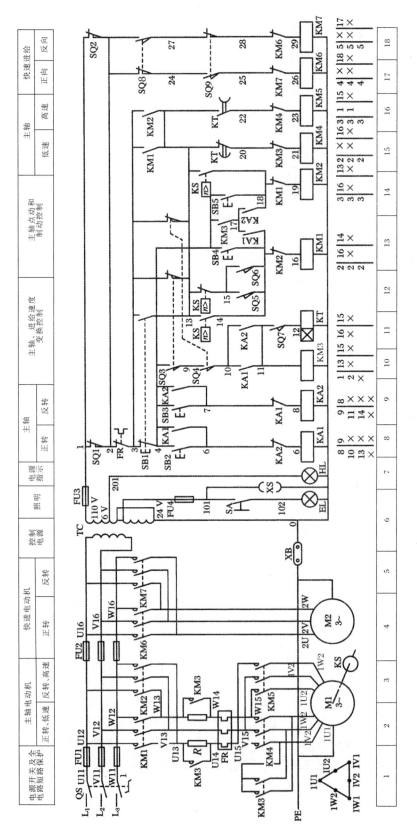

图10.2 T68卧式镗床电气原理图

三、控制电源和照明电路(6 区)

控制电源:电源 L1、L2 经变压器降压成 110 V、6 V、24 V 三挡电压,分别作为控制电路、指示电路和照明电路的电源。

照明电路:照明电路由变压器 TC 提供 24 V 电源,FU4 为照明电路提供短路保护,SA 是指示灯的开关,EL 为照明灯,XS 是 24 V 电源插座。

四、指示电路(7 区)

指示电路由变压器提供 6 V 电源,HL 为电源指示灯,无需单独开关。因电路简单、电压电流都较低,无需专门的短路保护。

五、控制电路(8~18 区)

控制电路由变压器提供 110 V 电源,FU3(6 区)为控制电路提供短路保护。SQ1 为主轴箱进给和工作台提供联锁保护,SQ2 为主轴提供联锁保护。

T68 卧式镗床的控制电路较为复杂,包括以下部分:主轴电动机 M1 的正反转控制、主轴和进给速度变换控制、M1 的点动控制、M1 的停车制动、M1 的高低速控制、快速进给电动机 M2 的正反转控制以及 M1、M2 变速冲动控制。

控制电路的分析按照图 10.2 中的顺序,从 8 区到 16 区依次按功能进行分析。

主轴电动机 M1 在启动前,应先调整好工作台以及主轴箱的位置,并选择好适当的主轴转速。

（一）M1 的正反转控制(8~16 区)

M1 的正反转控制由中间继电器 KA1(控制正转启动,8 区)、KA2(控制反转启动,9 区)、接触器 KM1(控制正转,13 区)、KM2(控制反转,14 区)、KM3(短接制动电阻,10 区)、KM4(控制低速,15 区)、KM5(控制高速,16 区)来实现。

M1 的正转启动按钮是 SB2,反转启动按钮是 SB3,停车按钮为 SB1。

M1 的正转启动过程:按下 SB2→线圈 KA1 得电→{辅助常闭触点 KA1(7~8)断开;辅助常开触点 KA1(4~5)闭合;[辅助常开触点 KA1(10~11)闭合(线圈 KA3 得电→主触点 KM3 闭合短接制动电阻,辅助常开触点 KM3(4~17)闭合)];辅助常开触点 KA1(14~17)闭合}→线圈 KM1 得电→[(主触点 KM1 闭合);辅助常闭触点 KM1(18~19 断开);辅助常开触点 KM1(3~13)闭合→线圈 KM4 得电→KM4 主触点闭合]→电动机 M1 低速正转运行。

M1 的反转与正转类似。只是反转时按下 SB3,接着 KA2、KM3、KM2 和 KM4 依次通电,电动机 M1 低速反转启动。

（二）主轴和进给的变速控制(10~12 区)

SQ3 和 SQ5 为主轴变速及冲动时动作的行程开关。SQ4 和 SQ6 为进给变速及冲动时动作的行程开关。表10.1列出了主轴和进给变速时,相关行程开关的通断状态。

表 10.1　主轴和进给变速时 SQ3～SQ6 的通断状态

变　　速	动作的行程开关触点	非变速时	变速时	变速时手柄推不上时
主轴变速	SQ3(4～9)	闭合	断开	断开
	SQ3(3～13)	断开	闭合	闭合
	SQ5(14～15)	断开	断开	闭合
进给变速	SQ4(9～10)	闭合	断开	断开
	SQ4(3～13)	断开	闭合	闭合
	SQ6(14～15)	断开	断开	闭合

无论是主轴变速还是进给变速,都无需停车,可以直接操作手柄进行变速控制。

1. 主轴的变速控制(10～12 区)

主轴的变速控制:拉出主轴变速手柄→SQ3 复位→常开触点 SQ3(4～9)断开,KM3 和 KT 的线圈失电,致使 KM1 线圈失电,主轴电动机 M1 断电后因惯性逐渐减速旋转;同时 SQ3 常闭触点(3～13)闭合,线圈 KM2 得电→线圈 KM4 得电,同时 M1 串电阻后低速反接制动→当 M1 转速 $n < 100$ r/min 时,KS 常开触点(13～14)断开→线圈 KM2、KM4 失电→制动结束→转动变速盘进行变速,随后将手柄推向原位→SQ3 重新吸合→常开触点 SQ3(4～9)闭合→线圈 KM1、KM3、KM4 依次得电→M1 重新启动运行。

2. 主轴的变速冲动(12 区)

在主轴变速时,需要进行变速冲动,即压下行程开关 SQ5,否则齿轮就啮合不好,手柄无法合上。主轴变速冲动的过程:

压下 SQ5→常开触点 SQ5(14～15)闭合→线圈 KM3、KM4 得电→M1 低速启动→当转速 $n > 120$ r/min 时,KS 常开触点(13～15)断开→线圈 KM1、KM4 断电→M1 断电、惯性运行→当转速 $n < 100$ r/min 时,KS 常开触点(13～15)闭合,KS 常开触点(13～15)→线圈 KM1、KM4 再次得电→M1 再次启动。如此,M1 的转速在 100～120 r/min 之间反复升降,直到齿轮完全啮合好,推上变速手柄,使 SQ5 复位,变速冲动结束。

3. 进给变速控制(10～12 区)

进给的变速控制与主轴的变速控制差不多,只是在需要进给变速时,操作的是进给变速手柄,电路中动作的是 SQ4。

4. 进给变速冲动(12 区)

进给变速冲动的工作过程与主轴的变速冲动过程也基本相同,只是进给冲动时,动作的行程开关是 SQ6。

(三)主轴的点动和制动控制(13～14 区)

1. 主轴的点动控制(13～14 区)

主轴的点动控制也分正反转,SB4、SB5 分别是主轴点动的正转和反转控制按钮。具体控制过程如下:

M1 正转点动:按下 SB4→线圈 KM1 得电→线圈 KM4 得电→M1 串电阻低速正转点动。

M1 反转点动:按下 SB5→线圈 KM2 得电→线圈 KM4 得电→M1 串电阻低速反转点动。

2. 主轴的制动控制(13～14 区)

主轴电动机 M1 的制动使用的是反接制动,通过接触器 KM2 和 KM4 实现控制。制动过程中,使用了速度继电器 KS。当主轴电动机 M1 的转速 $n>120$ r/min 时,KS 的触点动作;当转速 $n<100$ r/min 时,KS 触点复位。

M1 高速正转时,反接制动的过程:按下 SB1,一方面,SB1 的常闭触点(3～4)断开→线圈 KM3、KA1、KT 全部失电→[线圈 KM3 失电,KM3 辅助常开触点(4～17)断开,线圈 KM1 失电,致使 KM1 主触点断开,辅助常开触点 KM1(3～13)断电,线圈 KM5 断电,则 M1 断电,但因惯性继续逐渐降速旋转];[KT 线圈断电后,其常开触点 KT(13～22)断开,常闭触点 KT(13～20)闭合,线圈 KM4 得电,于是 KM4 主触点闭合,为反接制动做准备];另一方面,SB1 的常开触点(3～13)闭合→线圈 KM2 得电→KM2 主触点闭合,KM2 辅助常开触点(3～13)闭合→M1 反接制动(KM4 主触点已闭合)。

当 M1 的转速 $n<100$ r/min 时,KS 的常开触点(13～18)断开→线圈 KM2 失电→M1 制动结束。

如果 M1 在高速反转时需要制动,同样按下停止按钮 SB1,通过接触器 KM1、KM4 的导通实现制动。

(四)主轴的高低速控制(15～16 区)

M1 的高速运行是通过将手柄扳到高速挡,相应的行程开关 SQ7 动作实现的。当 M1 需要高速运行时,将调速手柄扳到高速挡,若 M1 之前处于低速状态,则经过时间继电器延迟后直接进入高速运行;若之前电动机处于停车状态,则电动机首先进行低速启动,然后在时间继电器设定的延时时间后进入高速运行阶段。

前面主轴电动机 M1 的正反转控制介绍的是电动机低速启动的过程。这里只介绍从低速转向高速并持续运行的过程。

M1 由低速转向高速的工作过程:

手柄扳至高速→SQ7 被压下→SQ7 常开触点(11～12 闭合)→线圈 KT 得电→KT 常闭触点(13～20)延时断开,线圈 KM4 断电;KT 常开触点(13～22)延时闭合→线圈 KM5 得电→KM5 主触点闭合→M1 高速运行。

(五)快速进给控制(17～18 区)

快速进给控制的是快进电动机 M2。通过 M2 的正反转控制快速进给的方向。这里主要采用了接触器(KM6、KM7)和行程开关(SQ8、SQ9)的双重联锁控制正反转的。快速进给的工作过程如下:

快速正转:压下行程开关 SQ9→线圈 KM6 得电→主触点 KM6 闭合→M2 正转。

快速反转:压下行程开关 SQ8→线圈 KM7 得电→主触点 KM7 闭合→M2 反转。

知识链接四　T68卧式镗床的故障分析

镗床大部分常见的电气故障与万能铣床的常见故障基本相同。由于镗床采用了双速电动机,因而具有一些特有的故障。这里列举一些以供参考。

1. 主轴的转速与铭牌标示的不符

(1) 若主轴的实际转速是铭牌标示的一倍或一半,一般是由调试不当或行程开关SQ7动作相反引起的,这需要重新检查安装情况,修正过来即可。

(2) 若电动机只有高速或低速一种速度,则一般是行程开关SQ7或时间继电器损坏,若无法修复则更换器件。

2. M1低速运行时,调速手柄扳至"高速"后,电动机停止而不是高速运行

能低速启动,说明KA1、KM1、KM3、KM4的线圈都能得电,主触点也正常。调至"高速"后,能停车说明时间继电器KT是正常的,且KT触点能断开线圈KM4,但不能接通线圈KM5。因而,故障处在节点间,其中包括时间继电器常开触点、KM4常闭触点和线圈KM5。

3. M1不能正反转点动、制动以及变速冲动

(1) 主电路的制动电阻处有断路。

(2) 节点3～21之间有断路,此时伴随着无法低速运行。

(3) 缺相,此时电动机有嗡嗡响声。

 **操作实践**

任务一　安装调试T68卧式镗床电气控制电路

一、实训目的

(1) 熟悉T68卧式镗床的电气原理图。

(2) 能按照T68卧式镗床的电气原理图进行安装调试。

二、实训器材

(1) T68卧式镗床。

(2) 常用电工工具、9205A万用表等。

(3) 线槽、各种规格的软线、编码管、记号笔、端子排等。

三、实训步骤

(1) 学生进行分组,每组 2～3 人,每组自行分工。
(2) 参照 T68 卧式镗床的电气原理图,各组选择相应的低压电器元件、工件、电动机等。
(3) 画出元器件布局图,在实训考核台上进行布局,即准备排线槽、安装各电器元件等。
(4) 进行接线,注意规范。要压线并用号码管。
(5) 接好电路后自己先检查。
(6) 老师在场时进行试车调试。

四、实训注意事项

(1) 电动机以及操作台要接地,各种规格和颜色线的使用要符合规范要求。
(2) 在布线时,都要走线槽,接线时要走端子排,严禁直接连线。
(3) 布局要合理,高度相差不大的放在一排。
(4) 通电调试时一定要有老师在场,注意安全,严格遵守操作规程。

五、考核标准

考核标准如表 10.2 所示。

表 10.2　考核标准

项目内容	考核要求	分值	成绩
个人素质考核	着装、安全意识等综合素养	15	
	分工及团队合作能力		
分析电气控制的要求	选择电器元件	15	
电路布局	绘制元器件布局图	10	
	实际布局	10	
电路安装调试	按 T68 卧式镗床的电气图安装电路	30	
	电路安装完毕后的调试	10	
设计说明书	编写设计说明书	10	

备注:超过规定时间,扣 5 分

开始时间		结束时间		实际时间	
综合评价					
成　　绩		评价人		日　　期	

任务二　T68 卧式镗床的故障排除与检测

一、实训目的

（1）熟悉 T68 卧式镗床的主要结构和工作原理。
（2）根据 T68 卧式镗床的电气原理图分析各部分电路的工作过程。
（3）掌握电气电路的故障分析方法。
（4）能根据故障现象，使用万用表找出故障点，并排除故障。

二、实训器材

（1）常用电工工具、9205A 万用表等。
（2）T68 卧式镗床。

三、实训步骤

（1）首先，学生熟悉并回忆 T68 卧式镗床的结构和运动形式；在老师的讲解下，掌握 T68 卧式镗床的工作情况和操作方法。
（2）参照配套的电气设备安装布置图和元件布置图，熟悉各个电器元件的位置以及走线情况，需要检测时能快速找到相关检测点。
（3）老师讲解检修的一般步骤，并人为设置一些故障点，现场为学生演示如何检测故障，边操作边讲解，让学生能理解并记住相关步骤。学生可以针对老师的讲解和操作提出疑问。
（4）学生自行分组，每组 2~3 人，并人为设置两处故障点，让学生按照检修步骤自己动手排除故障。
（5）检修时做好检修记录。实训完毕后，填写实训报告。

四、实训注意事项

（1）在检修前要对 T68 卧式镗床的结构、元件位置以及工作原理非常熟悉。
（2）认真观看老师示范检修过程，熟悉检修的步骤。
（3）检修时，能停电检测的要停电检测并验电。带电检修时，要有老师在场，确保用电安全。
（4）使用工具仪表进行检测时要规范，防止出现不必要的错误造成工具及设备的损坏。
（5）实训时要认真做好实训记录，实训完毕填写实训报告。

五、评分标准

评分标准如表 10.3 所示。

表 10.3　评分标准

项目内容	考核要求	分值	评分标准	扣分
故障描述	对故障现象进行描述	20	（1）描述少 1 处扣 5 分； （2）描述错 1 处扣 5 分	
故障分析	根据故障现象分析可能的原因，并标出故障范围	20	（1）标不出故障范围，每个扣 5 分； （2）标错故障范围，每个扣 5 分	
故障处理	正确使用工具和仪表，找出故障并排除	50	（1）不能排除故障点，每个扣 10 分； （2）损坏元器件，扣 30 分； （3）扩大故障范围或产生新的故障，扣 30 分； （4）工具和仪表使用不正确，每次扣 5 分； （5）在学生实训时，老师随即提问相关问题，回答不出或错误扣 2 分	
实训报告填写		10	不按时完成的或者不完整的酌情扣分	
安全文明操作和素养			违反安全操作，或衣着不合规定，酌情扣分	

备注：超过规定时间，扣 5 分

开始时间		结束时间		实际时间	
综合评价					
成　　绩		评价人		日　　期	

项目小结

镗床是一种孔加工的机床，可以进行钻孔、镗孔、铰孔、扩孔，与钻床的不同在于，镗床的加工精度较高（一般加工较精确的孔，或对孔间距要求精确的工件）。镗床也有很多类型，如卧式镗床、专用镗床、坐标镗床、落地镗床、立式镗床、深孔镗床等。其中以卧式镗床的应用最为广泛。

T68 卧式镗床的主要运动形式分为主运动、进给运动和辅助运动。主运动是主轴的旋转与平旋盘的旋转运动。进给运动包括工作台的横向和纵向进给、镗轴的轴向运动、平旋盘上刀具的径向进给以及主轴箱的升降。辅助运动包括工作台的旋转运动、后立柱的纵向移动、尾架随着镗头架的升降运动和各部分的快速移动。

T68 卧式镗床共有两台电动机，分别是主轴电动机 M1 和快进电动机 M2。主轴电动机 M1 的主要作用是拖动镗床进行主运动和进给运动。快进电动机 M2 带动主轴箱和工作台等实现快速移动。

习 题

1. T68 卧式镗床主要由哪几部分组成?

2. T68 卧式镗床有几台电动机? 每台电动机都有什么作用?

3. T68 卧式镗床的主轴电动机使用的是双速电动机,在高、低速时定子绕组分别是什么接法?

4. T68 卧式镗床的主电路中电阻的作用是什么?

5. T68 卧式镗床能低速启动,但是不能高速运行,试分析可能的故障原因。

6. 卧式镗床的电气控制要求有哪些?

7. 简要说明主轴电动机变速冲动的过程。

8. 简述主轴电动机 M1 的停车过程。

项目十一　机床电气控制设计

 知能目标

1. 知识目标
(1) 了解机床电气控制设计的基本内容、设计原则。
(2) 掌握电气原理图的绘制原则。
(3) 掌握电气控制电路的设计方法。
2. 技能目标
(1) 能绘制位置图、接线图。
(2) 能根据要求设计电气原理图。

基础知识

在实际的生产过程中,使用的设备多种多样,不同的设备有着不同的拖动方式和电气控制方式。这就要求相应的人员能够根据各种复杂的控制要求,选择适当的电力拖动方式和电气控制方式,最终设计出满足要求的电气控制线路。本章就如何设计电气控制线路展开叙述。

知识链接一　机床电气控制设计的基本内容

一、机床电气控制设计的内容

机床电气控制设计应包含以下内容:
(1) 拟定电气控制设计的技术条件。
(2) 确定电力拖动方案和电气控制方案。
(3) 选择合适的电动机。
(4) 设计电气控制原理图。
(5) 选择电器元器件,列出元器件、电器装置、备件以及易损件的清单。
(6) 设计电器柜和非标准电器元件。
(7) 绘制布置图、接线图和安装图。
(8) 编写机床设计说明书和使用说明书。

在进行机床电气控制设计时,可依次按照上面的顺序进行设计。

二、拟定机床电气控制设计的技术条件

若要确定机床电气控制设计的技术条件,必须同时与机械结构、机床加工工艺以及电气的相关设计人员一起,按照所设计机床的总体要求共同商讨,最终确定。电气设计的技术条件通常以设计任务书的形式表现。任务书应包括以下内容:

(1) 所设计机床的型号、用途、工作过程、工作条件、性能、传动方式、使用环境。

(2) 用户供电系统的基本情况,包括电压和电流的种类、容量、频率等。

(3) 相关的电气控制特性,包括电气控制的基本方式、电气保护、限位设置、自动控制的动作顺序以及联锁条件等。

(4) 相关的电力拖动特性,包括电动机的数量和用途、各电动机的调速方法和范围、各电动机的负载情况、电动机的启动和制动方式、正反转控制等。

(5) 相关操作方面的要求,包括按钮的设置和作用、测量显示、操作台的布置以及故障报警和照明方面的要求。

(6) 机床主要电气设备的布置图和相关参数。

三、电力拖动方案的确定

电力拖动方案是指按照零件加工效率、加工精度要求、运动部件的数量、运动要求、生产机械的结构、负载性质、调速要求以及投资金额等要求,确定电动机的类型、数量、传动方式以及拟定电动机制动、调速、运行、换向控制要求。

电路拖动方案主要是根据机床设备的调速要求确定的。

对于启停不频繁或不需要电气调速的,可采用笼型感应电动机。对于有飞轮或者负载转矩很大的系统,可采用绕线转子感应电动机。

对于要求电力调速的设备,应参照设备提出的调速要求(如机械特性硬度、调速平滑性、调速范围等),在满足各项参数要求的条件下,选择较经济的方案(考虑初始投入、功率因数、工作效率、后期维护维修费用)。

四、电气控制方案的确定

电气控制方案的确定要与机床的通用型和专用型的程序一致。一般情况下,常用普通机床使用继电、接触器控制的系统即可。根据各种不同的控制要求,如模拟量控制、体积小、控制要求复杂等,可以有针对性地选择数控、PLC 或微机控制。

电气控制系统常用行程控制、电流控制、时间控制、速度控制等控制方式。

行程控制:由行程开关实现。利用行程开关(限位开关)控制生产机械运动部件运动的极限位置来实现位置控制。

电流控制:由电流继电器实现。当电路中的电流大于或小于电流继电器的设定值,继电器触点进行相应的动作,从而实现电流控制。

时间控制:由时间继电器实现。当系统感受到输入信号,相应的触点延迟一定时间(可

通过时间继电器设定)再进行动作,从而实现按时间进行电路切换的目的。

速度控制:由测速发电机或速度继电器实现。当电路中的某个运动部件的运动速度大于或小于某一特定速度,相应的触点动作或者复位,从而实现速度控制。

五、选择合适的电动机

在选择电动机时,要考虑到电动机的结构形式、额定电压、额定转速、容量等因素。下面分别从这几个方面进行介绍。

(一)在选择电动机的时候应遵循的原则

(1)应当充分考虑到相关生产机械的机械特性,选择的电动机的机械特性要与其保持一致。

(2)要保证在工作时,选择的电动机的功率能被充分利用。

(3)电动机的结构形式、体积大小要符合周围环境的要求。

(二)选择电动机的结构形式

(1)按安装方式不同进行选择:若是需要简化传动装置,选用立式电动机;其他情况下一般都选择卧式电动机。

(2)按工作环境进行选择:若是整洁干燥的环境可以选择开放式的;若是干燥、灰尘少、无易燃、易爆腐蚀性气体的环境可以选择防护式的电动机;若是潮湿、腐蚀、多灰尘的环境可以选用自扇冷式或他扇冷式的电动机;若是需要浸在液体中可以选择封闭式的电动机;若是有爆炸性气体的环境可以选择防爆式电动机。

(三)选择具有合适额定电压的电动机

考虑到电动机工作的寿命和安全性,无论是交流电动机还是直流电动机,额定电压都应与供电电网的电压一致。

一般企业工厂用电都是 380 V 交流电,能选择使用的电动机的额定电压应为 220 V/380 V(△/Y 连接)或 380 V/600 V(△/Y 连接,此种可用于 Y/△降压启动)。

对于直流电动机,若是由单独电源供电,一般常用的有 220 V 或 110 V,电动机的额定电压选择与其一致;若是经整流装置整流后供电的,提供的电压种类较多,有 110 V、160 V、180 V、220 V、340 V、和 440 V 等多种,无论是哪种电动机,其额定电压都要与供电电压一致。

(四)选择具有合适额定转速的电动机

额定转速是指额定功率下电动机的转速,即满载时的电动机转速,因此又称为满载转速。用符号"n"表示,单位为"r/min"。

电动机的额定转速应按照生产机械的要求进行选择。在选择电动机的额定转速时,应考虑到机械减速机构的传动比值,综合比较,选择既经济又能满足各项指标的电动机。一般情况下,电动机的转速要大于 500 r/min,因为当额定功率相同时,电动机的转速越低,其尺寸越大,价格越贵,效率也较低。

（1）对于连续工作，很少启动、制动的电动机，在选择额定转速时，应综合考虑初始投资、后期维护费用以及占地面积等因素。

（2）对于经常启动、制动以及反转的电动机，若过渡时间较短对生产影响较小，可综合考虑初始投入和过渡过程的能耗两个因素来选择合适的额定转速；若过渡时间较长对生产的影响较大，则应该以过渡过程的能耗为主要考虑因素，选择过渡时间能耗较小的额定转速。

（五）选择合适的电动机容量

电动机的容量指的是电动机的功率。在选择电动机容量的时候，应考虑其发热、过载能力。一般遵循以下三个原则：

（1）电动机工作时，其最高温度应不高于电动机绝缘所允许的最高工作温度。

（2）电动机工作时，一定要有一定的过载能力。

（3）对于笼型异步电动机，在启动时，为了能可靠启动，其启动转矩一定要大于负载转矩（因为笼型异步电动机的启动转矩较小，不满足此条件，电动机无法启动）。

一般用分析计算法或调查统计类比法来确定电动机的容量。

分析计算法是指根据生产机械负载图，预选一台功率差不多的电动机，利用预选的电动机的各种技术参数和生产机械的负载图算出电动机的负载图，然后对其进行发热校验，并检查电动机的过载能力是否符合要求。

调查统计类比法是指在以往各种经验的基础上，选择电动机容量的方法，一般是用各国同类型先进的机床电动机容量进行统计分析，找出电动机容量和机床主要参数之间的关系，最后根据我国各种机床的自身情况得出相应的计算公式。这种方法比分析计算法要简单得多，但是也有一定的局限性。此方法适用于比较简单、无特殊要求的生产机械的电力拖动系统。

知识链接二　电气原理图的绘制

电气原理图的绘制必须遵守一定的格式和规定，一般都参照国家标准《电气工程 CAD 制图规则》（GB/T18135—2000）中常用的有关规定。较常用的绘图软件是 AutoCAD，绘图员也可根据自己的偏好选择其他的绘图软件。

一、图纸的幅面及格式

（一）图纸的幅面

在选择图纸的幅面时，一般都选用 A4、A3、A2、A1、A0。这些代号指的是对应幅面的对开次数，如 A4 指的是将 A0 幅面的全张纸对折四次得到的幅面；A0 幅面的大小是 841 mm（宽）×1189 mm（长），而设计机床图纸一般都选用 A3 的。尺寸不够时，可以沿基本幅面的短边按其整数倍加长幅面，同时加长量要符合国家标准（GB/T14689—93）。

图 11.1 所示为各幅面的图纸。

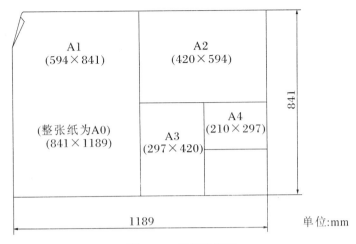

图 11.1 图纸的幅面

(二) 图纸的格式

在绘图时,使用的图幅要进行分区。分区数应为偶数,每个分区的长度为 25~75 mm。上、下横边的编号使用阿拉伯数字,且从左往右依次增加,一般上边表示电路的功能,如主轴电动机、冷却泵电动机、照明等,底部标注电器元件所在图中的位置,用阿拉伯数字标注。左右竖边用大写英文字母标注,在绘制机床电路图时常省略。具体格式见图 11.2。

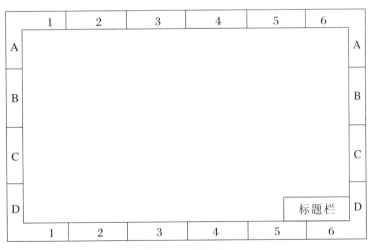

图 11.2 图纸格式

(三) 标题栏

标题栏包括图纸代号、图纸标题、设计者、所有者、负责人签名、图纸总数、张次、标准、工艺、修改记录表等。具体填写位置见图 11.2。

（四）图线

画图中可选的宽度有 0.25 mm、0.35 mm、0.5 mm、0.7 mm、1.0 mm、1.4 mm 六种规格。一般情况下在一张图纸中，只选择两种宽度的线条，且宽线条是细线条的两倍。

绘图时可使用的线条种类很多，有实线、虚线、点划线和双点划线，不同的线用在不同的场合。

（1）导线、连接线以及一些设备元件的图形符号的轮廓线都可以用实线。

（2）不可见导线、不可见轮廓线、机械连接线、屏蔽线以及计划扩展用的线都可以用虚线。

（3）设备的界限和围框线一般用点划线。

（4）双点划线一般只用于辅助围框线。

（五）字体

电路图中字体的大小要跟图纸幅面的大小一致，有最低要求。一般 A0 幅面的要求字体高度最少为 5 mm，A1 幅面的字体高度最少为 3.5 mm，A2～A4 幅面的字体高度最少为 2.5 mm。

二、电气原理图的绘制方法

绘制电气原理图时，常用的方法有逻辑设计法和分析设计法。

（一）逻辑设计法

逻辑设计法是指从生产机械的工艺和拖动要求出发，用逻辑代数的方法分析，将控制电路中接触器和继电器线圈的通断电，触点的断开和闭合以及行程开关、按钮等的通断都看成逻辑变量，根据各控制要求将各变量之间用逻辑关系式表达，然后化简，最终画出电路图。

逻辑设计法是经过逻辑推算得到的，因而获得的方案比较经济、理想，从方案本身说应该是最优的；但是，设计起来比较复杂，难度较大，有时还需要一些新概念，一般使用得较少。

（二）分析设计法

分析设计法是指根据生产机械的工艺和拖动要求，从较成熟的电路和一些基本控制环节中选择合适的环节组合起来，再进行补充和修改，最终组成符合要求的控制电路。在没有现成的典型环节可使用时，可以边分析边设计。

因为分析设计法没有固定的方式，而是根据以往较为成熟的经验，设计起来较为简单，使用得较多；但是因为是依托既有经验的，所以在理论上一般都不是最优的，如果考虑不周或可供借鉴的经验不成熟时，电路的可靠性可能会受到威胁。

三、电气原理图的绘制原则

电气原理图是电气电路装调和维修的主要依据，因此，在设计时必须遵循一定的原则，按照国家规定的电气图形符号和文字符号进行设计，这样才能保证能被任何一个专业工作人员使用。

绘制电气原理图应遵循的原则如下：

（1）电气原理图分为电源电路、主电路和辅助电路三部分。

在绘制电气原理图时，从左往右依次画出电源电路、主电路和辅助电路。主电路和辅助电路相平行，都垂直于电源电路。

① 电源电路

电源电路一般画成水平线，对于交流电源，从上往下依次画出三相交流电源 L1、L2、L3、中线 N 和地线；对于直流电源，自上而下依次画正极、负极。电源开关水平画出。

② 主电路

主电路按其组成，从上往下依次画出熔断器、接触器主触点、热继电器的热元件以及电动机等。与控制电路比较，主电路的电流较大。主电路一般垂直电源电路，画在电路图的左侧。

③ 辅助电路

辅助电路主要由熔断器、热继电器的触点、开关按钮、行程开关、接触器和继电器的触点及线圈等组成。辅助电路的电压比主电路小，通过的电流也较小，一般不超过 5 A。辅助电路的电源一般来自两相电源线、一相电源线和一相中线，或者再经变压器变压。

绘制辅助电路时，其一般垂直电源线，在主电路的右侧，依次画出控制电路、指示灯电路和照明电路。控制电路自上而下，按照热继电器、行程开关、停止按钮、开始按钮、互锁自锁、线圈的顺序绘制。指示灯电路和照明电路，自上而下依次画出开关、接触器触点、灯泡等。

（2）绘制电气原理图时，各低压电器的触点一般按常态位置画出。所谓常态是指各低压电器未受外力作用或电路未通电时的触点所处的状态。

（3）绘制电气原理图，各电器元件以国家统一规定的电气图形符号的形式画出。

（4）绘制电气原理图时，各元器件不是按照它们的实际安装位置绘制，而是根据它们在电路中所起的作用绘制。同一器件的不同部分也不画在一起，但因它们的动作是有关联的，因此同一器件必须标注相同的文字符号。

（5）绘制电气原理图时，用尽可能少的线条，线条能不交叉尽量不交叉。线条必须交叉时，有直接电联系的交叉点，用实心小圆点表示；无直接电联系的交叉处不画点，不做任何标注。

（6）绘制电气原理图的同时，还要对其进行编号。编号时采用电路编号法，用字母或数字对电路中的各接点进行编号。

① 主电路编号。从电源开关的出线端按相序自上而下依次编号为 U11、V11、W11。接着，从左到右、从上到下，每经过一个电器元件，编号增加一次，如 U12、V12、W12；U13、V13、W13……"U11、V11、W11"中，U、V、W 分别代表电源的三相序。第一个 1 代表第一台电动机，最后个 1 代表从出线端出来第一次编号。

如果只有一台电动机，则其 3 个出线端的相序分别编号为 U、V、W。如果有多台电动机，为了不引起编号的混乱，一般在字母前面用不同的数字进行区别，从左往右第几台电动机，就在字母前加几。如 1U、1V、1W；2U、2V、2W。

② 辅助电路编号。辅助电路的编号与主电路相比有相同的也有不同的。相同的是在编号时，每经过一个电器元件，编号增加 1；不同的是辅助电路的编号只用数字，不用字母。另外，还按照控制电路、指示电路和照明电路的不同，各电路的起始编号也不同。控制电路

起始编号是 1,照明电路的起始编号是 101,指示电路的起始编号是 201。

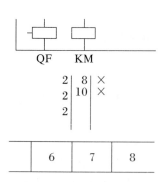

图 11.3　图形符号的检索

(7) 在绘制电气原理图时,同类电气元件的位置应对齐,如电动机、各线圈、各自锁环节、各互锁环节等。

(8) 图形检索。在绘图时,为方便查找,还应有图形检索功能。图形检索的部分一般画在各线圈的下方,图纸下边分区编号的上方。

如图 11.3 所示,线圈文字符号 KM 和分区 7 中间的部分即为图形检索部分。由图形检索我们可以得到以下信息:

① 这个检索部分在 KM 线圈的下方,因此标注的都是 KM 触点的。

② 检索部分分三列,每列代表不同的信息。

第一列代表的是主触点,第一列标了 3 个 2 代表在第 2 分区有 3 个 KM 的主触点。

第二列代表的是常开辅助触点,第二列的 8 和 10 代表在分区 8 和分区 10 各有一个 KM 的常开触点。

第三列代表的是辅助常闭触点。两个×代表此电路图没有 KM 的辅助常闭触点。

知识链接三　机床电器的选择

完成电气原理图的绘制后,就应该开始选择电路图中的各电器元件了。这些电器元件一般包括主令电器、接触器、继电器、熔断器、热继电器、变压器等。下面介绍如何选择这些低压电器。

一、主令电器的选择

这里主要介绍较常用的转换开关和按钮的选择。

1. 转换开关的选择

若转换开关直接控制电动机,则转换开关的额定电流应取电动机额定电流的 3 倍;若转换开关接电源,由接触器直接控制电动机,则转换开关的额定电流比电动机的额定电流稍大即可。

2. 按钮的选择

按钮一般用于启动或停止场合,使用时根据触点对数、使用的场合和作用来选择颜色和型号。

国家标准中规定了几个常用颜色所代表的含义。如表 11.1 所示。

表 11.1

颜　色	含　义	应　用
红色	处理事故	停机或紧急停机
		扑灭燃烧
	断电或停止	停止一台或多台电动机
		装置局部停机
		正常停机
		带有停止或断电的复位
		切断一个开关
黄色	参与	避免不需要的变化(事故)
		参与抑制反常的状态
		防止意外情况
绿色	启动或上电	启动一台或多台电动机
		装置的局部启动
		正常启动
		接通一个开关装置
蓝色	其他指定用意	凡红、黄、绿色未指定的功能都可用蓝色定义
白、黑、灰色	无特定用意	除单功能的停止或断电以外的任何功能

在机床控制电路中,红色和绿色的按钮用得比较多。

二、熔断器的选择

熔断器在选择的时候,主要考虑熔断器的类型和熔体的额定电压两方面的因素。

1. 熔断器类型的选择

机床电路中,常用的熔断器有插入式、螺旋式、管熔式和有填料式。在安装时,一般根据线路的要求、安装使用场合来选择合适的熔断器。

2. 熔断器额定电流的选择

在使用时,熔断器的电压应大于电路的工作电压,电流应大于所装熔体的额定电流。额定电压的选择较简单,不多做说明。

这里主要介绍下怎样选择熔体的额定电流。

对于在主电路部分的熔断器,若只有一台电动机,所选的熔体的额定电流应为电动机额定电流的 1.5～2.5 倍。轻载启动或启动时间短时,系数取 1.5;重载启动或启动越频繁时系数取得越大。若有多台电动机的话,所选取的熔体的额定电流应为容量最大的电动机额定电流的 1.5～2.5 倍,再加上其余所有电动机的额定电流的总和。

三、低压断路器的选择

机床电路中常用的低压断路器有塑料外壳式断路器、框架式断路器和小型断路器。塑料外壳式断路器一般用作电源开关，或者电动机不频繁启停的控制和保护。框架式断路器主要用于不频繁地通断较大容量的低压网络或控制较大容量电动机的场合。小型断路器主要用于照明电路和控制回路。

在具体选用时要综合考虑低压断路器的额定电压、额定电流、分断能力、脱扣类型等。要遵循以下几个原则：

(1) 额定电压和额定电流要不小于电路各设备正常运行时的工作电压和电流。

(2) 主触点的分断能力应不小于电路的最大短路电流。

(3) 过电流脱扣器的额定电流应不小于电路的最大负载电流。

(4) 欠电压脱扣器的额定电压应与电路的额定电压相等。

四、接触器的选择

在选择接触器的时候应从接触器的类型、额定电压、额定电流、线圈的额定电压、触点的个数等方面来进行选择。

1. 接触器类型的选择

应根据负载电流的类型和负载轻重来选择适当的交流或直流接触器。常用类别的接触器见表 11.2。

表 11.2　接触器的使用类别及用途

电流类型	使用类别	使用场合
交流 （AC）	AC-0	感性或阻性负载。通断额定电压和额定电流
	AC-1	绕线转子电动机的通断。额定电压下，通断 2.5 倍额定电流
	AC-2	绕线型电动机的启动、反接制动和反向通断。额定电压下，通断 2.5 倍额定电流
	AC-3	笼型感应电动机的启停。额定电压下，接通 6 倍额定电流；1.75 倍额定电压下分断电流
	AC-4	笼型电动机的启动、反接制动和反向通断。额定电压下，通断 6 倍额定电流
直流 （DC）	DC-1	无感或微感负载。通断额定电压和额定电流
	DC-3	并联电动机的启动、反接制动、反向和点动。额定电压下，通断 4 倍额定电流
	DC-5	串联电动机的启动、反接制动、反向和点动。额定电压下，通断 4 倍额定电流

2．额定电压的选择

接触器的额定电压应不小于负载回路的电压。

3．额定电流的选择

接触器的额定电流应不小于控制回路的额定电流。

4．接触器线圈的选择

接触器线圈的额定电压应与控制回路的额定电压相等。若控制电路比较简单,线圈的额定电压可直接选 220 V 或 380 V 的;若控制电路比较复杂,线圈的额定电压应选 110 V 或者更低。

5．接触器触点种类和数量的选择

接触器的触点数目应根据主电路和控制电路的需要进行选择。一般是看控制电路需要的辅助触点的个数。选择的接触器辅助触点的个数应大于或等于电路中辅助触点的个数,若触点不能满足要求时,可增加中间继电器来代替。

五、继电器的选择

继电器有很多种类型,在使用时,不同类型有不同的选择标准和注意事项,这里分别介绍电磁式继电器、时间继电器、热继电器和速度继电器等几种常见的继电器。

1．电磁式继电器

电磁式继电器是一种使用最多和最早的继电器。按照输入信号的不同,又可分为电磁式电流继电器、电磁式电压继电器和电磁式中间继电器。

电流继电器分为过电流继电器和欠电流继电器,可根据需要的保护类型进行选择。在选择过电流继电器时,对于绕线型异步电动机和中小容量的直流电动机,线圈的额定电流可以按电动机长期正常工作的额定电流进行选择;对于频繁启动的电动机,线圈电流应该选稍大一级。

根据不同的保护需要,在选用电压继电器时可以有针对性地选择欠电压继电器或者过电压继电器。

中间继电器很少单独使用,一般是其他类型的继电器的触点不够用时,用中间继电器来扩展触点个数,起到中间转换的作用。

2．时间继电器

时间继电器种类繁多,各自都有不同的特点,在选择时,应考虑以下因素:

(1)根据电路中对延迟触点的要求进行选择,若是要求得电以后延迟一段时间执行某个操作则选择通电延迟型;若是要求断电以后延迟一段时间执行某个操作则选择断电延迟型。

(2)根据延迟要求的精度和时间的长短选择符合要求的时间继电器。

(3)区分不同的工作环境和场合进行选择。若电源电压波动比较大,应该选择电动式或空气阻尼式时间继电器;若环境温度变化较大,则不能选择晶体管式和空气阻尼式时间继电器;若电源频率不稳定,那么不能选用电动式时间继电器。

3．热继电器的选择

热继电器一般用作电动机的过载保护,在选择的时候,应考虑电动机的负载性质、启动、工作环境等因素进行选择。

（1）热继电器结构类型的选择。若被热继电器保护的电动机绕组是星形接法时，两相和三相结构的热继电器都可使用；若电动机绕组是三角形接法的，则只能选择三相结构的热继电器。

（2）热继电器整定电流的选择。一般情况下，热继电器热元件的整定电流应为被保护电动机额定电流的 1～1.1 倍；若工作环境比较恶劣，或者电动机启动较频繁的场合，整定电流应选择大一些，可以为被保护电动机额定电流的 1.2～1.5 倍。

4．速度继电器的选择

速度继电器应按照电动机的额定转速来选择。一般情况下，速度继电器的触点应在转速达 120 r/min 时能动作，100 r/min 左右时能恢复正常位置。

常用的速度继电器有 JYl 和 JFZ0 系列。JYl 系列能在 3000 r/min 的转速下可靠工作。JFZ0 系列 JFZ0-1 型适用于 300～1000 r/min，JFZ0-2 型适用于 1000～3000 r/min。在具体使用中，应根据电动机额定转速的不同要求，选择相应的速度继电器类型。

六、变压器的选择

机床电路在选择变压器时，应按照以下原则：

（1）变压器的一次侧应与电源电压一致，二次侧应分别与相应的控制电路和照明电路等一致。

（2）要能保证变压器二次侧的电磁器件在通电时能可靠地吸合。

（3）电路正常工作时，变压器的温升应处于一个合理的范围，不能超过最大允许值。

（4）变压器的容量也要满足电路的要求。

知识链接四　　电器柜和非标准电器元件的设计

一、电器柜的设计

一般简单的电气控制系统，无需电器柜，各电器安装在生产机械内部即可；但是，对于稍复杂的系统，都要有单独的电器柜。

电器柜通常设计成工作台式或柜式，小型设备则设计成台式或悬挂式。在设计电器柜时，应根据需要设计恰当的电器柜。设计时，要遵循以下几个原则：

（1）根据实际使用的电器元件的种类和数量以及控制板的大小情况确定电器柜的总体尺寸。

（2）电器柜要设计的结构合理、外形美观，方便安装、使用和维修。

（3）为方便电器柜的移动，悬挂式要设计挂钩，台式或柜式底部要设计滚轮。

（4）在电器柜内的合适位置开通风孔散热。

二、非标准电器元件的设计

一些非标准的电器元件,如扶手、安装地板、开关支架等,可按照机械零件的设计要求,绘制零件图。

知识链接五　绘制布置图、安装接线图

一、布置图的绘制

在绘制元件布置图的时候,应遵循以下几个原则:

(1) 监视类的元器件,如触摸屏、指示灯等应布置在仪表板上。

(2) 发热元件安装在电器板的上方,体积大或较重的应放在下方。

(3) 强弱电要分开,并且为了防干扰,在弱电周围应有屏蔽和隔离。

(4) 平时维修维护较频繁的电器元件安装的位置要适中,不能过高或过低。

(5) 整体布局要合理、美观且对称。一般外形尺寸差不多的电器应安装在一起。

(6) 要布置线槽,且不能布置得太紧凑,应留有调整操作的空间。

图 11.4 是一个较简单的元器件布置图。

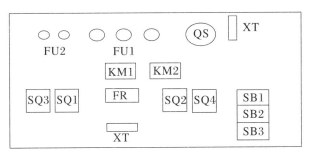

图 11.4　元器件布置图

二、绘制安装接线图

接线图的规制原则如下:

(1) 绘制时应遵照《电气技术用文件的编制》(GB/T 6988.5—2006)的相关规定。

(2) 各电器元件的相对位置应与实际安装相一致。

(3) 电器元件的各种标注要与电气原理图中的一致,采用符合相关规定的文字和图形符号。

(4) 应用细实线正确并清楚地标明各电器元件之间的接线关系。

(5) 与电气原理图不同,接线图中,同一电器的不同部位也应该画在一起,并用细实线框在一起,以显示出它们是属于同一个电器。

（6）接线图中应标明各种不同线条所代表的导线颜色、型号、截面积和规格，以方便安装。

（7）接线图中应画出端子排，且上面的各接线点按电气原理图中的序号排列，并将主电路、控制电路和照明电路的线分开。元件进出的导线都应通过端子排接进接出。

图 11.5 为安装接线图。

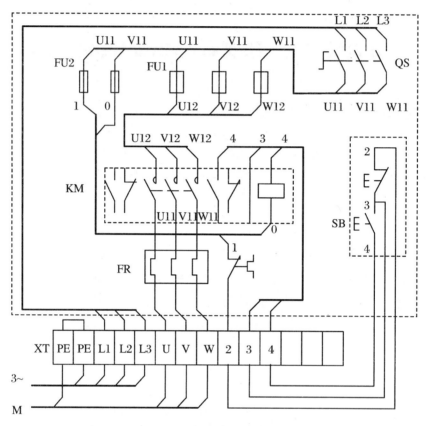

图 11.5　电器元件的安装接线图

知识链接六　设计说明书和使用说明书

设计说明书和使用说明书都是设计审定及设备、调试、使用和维护不可缺少的技术材料。设计和使用说明书应包含以下内容：

（1）拖动和控制方案的选择依据。

（2）本电气控制系统的主要原理和特点。

（3）系统中用到的各参数的计算过程以及各技术指标的实现。

（4）设备调试的方法和依据。

（5）设备使用和维护的要求。

（6）其他各种注意事项。

操作实践

任务　电气控制系统的设计

一、实训目的

（1）掌握电气控制系统设计的主要内容。

（2）熟悉电气控制系统设计的主要步骤。

二、实训器材

（1）绘图纸、笔。

（2）各种低压电器以及电动机。

（3）各种导线、剥线钳、尖嘴钳、电笔、螺丝刀、万用表。

（4）实验操作台。

三、实训步骤

（1）老师给出题目，提出相应的要求，每组任意选择一个题目进行设计。

（2）学生自行分组，每组根据选择的题目的要求，选择适当的电器元件。

（3）小组成员进行讨论分工，如安装、绘图、写技术材料等。分工后，各小组成员完成自己的任务。总体上，经讨论先画出布置图、安装接线图和电气原理图；接着按照图纸进行实际布局和安装，最终调试，同时，编写设计和使用说明书。

（4）最后每组由一个同学进行演示和解说。

四、实训注意事项

（1）小组成员根据工作量进行合理分工。

（2）画图和安装都要严格按照相关标准要求和工艺要求进行。如画图中的符号要标准，安装时要有线槽，走线要用端子排。

（3）安装完成，通电试车时，应通知老师，在老师的监视下试车，并注意安全。

五、考核标准

考核标准如表 11.3 所示。

表 11.3　考核标准

项目内容	考核要求	分值	成绩
个人素质考核	学习态度和自学能力	10	
	分工及团队合作能力		
分析电气控制的要求	分析控制要求	15	
图纸的绘制	绘制电气原理图	20	
	绘制布置图和接线图	20	
电路安装调试	按图安装电路	15	
	电路安装完毕后的调试	10	
设计说明书	编写设计说明书	10	

备注:超过规定时间,扣 5 分

开始时间		结束时间		实际时间	
综合评价					
成　绩		评价人		日　期	

 项目小结

机床电气控制设计应包含以下内容:

(1) 拟定电气控制设计的技术条件。

(2) 确定电力拖动方案和电气控制方案。

(3) 选择合适的电动机。

(4) 设计电气控制原理图。

(5) 选择电器元器件,列出元器件、电器装置、备件以及易损件的清单。

(6) 设计电器柜和非标准电器元件。

(7) 绘制布置图、接线图和安装图。

(8) 编写机床设计说明书和使用说明书。

在进行电气控制设计时应按照其内容依次进行。每一项都应按照相关规定和原则进行设计和选用。

习题

1. 机床电器设计的主要内容有哪些?

2. 电气原理图的绘制应遵循哪些原则?

3. 如何绘制布置图和安装接线图?

4. 简述主令电器的选用原则。

5. 简述熔断器的选用原则。

6. 简述低压断路器的选用原则。

7. 简述继电器的选用原则。

8. 简述接触器的选用原则。

9. 设计一个电炉的温度控制系统,要求炉内温度维持在 150 ℃左右。

10. 画出符合以下要求的控制电路,并分析工作原理:有两台三相异步电动机,由接触器 KM 控制主轴电机,可实现单独启停和集中启停。

11. 有三台笼型电动机 M1、M2、M3,按下启动按钮 SB2 后 M1 启动,延时 10 s 后 M2 启动,再延时 10 s 后 M3 启动。画出继电器接触器控制电路,分析工作原理。

12. 设计出符合下列要求的控制电路,并分析工作原理:

(1)有两台笼型异步电动机,主轴电动机由接触器 KM1 控制,油泵电动机由接触器 KM2 控制。

(2)实现顺序控制,主轴电动机在油泵电动机启动后才能启动,当油泵电动机停车时主轴电动机也同时停车。

(3)热继电器 FR1、FR2 可分别实现两台电动机的过载保护,短路保护由熔断器 FU 实现。

(4)第一台电动机启动 10 s 后,第二台电动机自行启动,运行 10 s 后,第一台电动机停止并同时使第三台电动机自行启动,再运行 15 s 后电动机全部停止。

项目十二　数控机床电气控制系统

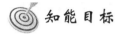

知能目标

1. 知识目标
(1) 了解数控机床的发展现状和基本组成。
(2) 熟悉数控机床的工作原理。
(3) 掌握数控机床维修的方法和步骤。
2. 技能目标
能维修常用机床的电气控制系统。

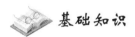

知识链接一　数控机床的基本概念

一、数控机床的发展

随着科技的飞速发展,人们对各种各样的机械产品在精度和复杂性和个性化方面都提出了更高的要求。这就要求相应的机床设备不断地更新升级,来满足日益增长的需求。

在 1952 年,麻省理工学院(MIT)使用电子管研制出了世界上第一台数控三坐标铣床,用于加工直升机机翼轮及检查用样板。随后,又经过多次研究和改进,此类机床在 1955 年正式进入实用阶段。

到了 20 世纪 60 年代,晶体管出现并用于数控机床,使机床的可靠性得到了提高,价格也降低了。

"数控机床是数字控制机床的简称,是一种装有程序控制系统的自动化机床。该控制系统能够逻辑地处理具有控制编码或其他符号指令规定的程序,并将其译码,用代码化的数字表示,通过信息载体输入数控装置。经运算处理由数控装置发出各种控制信号,控制机床的动作,按图纸要求的形状和尺寸,自动地将零件加工出来。"综合整个数控系统的发展,其共经历了以下五个阶段:

(1) 1952~1959 年,主要使用电子管。
(2) 1960~1964 年,主要使用晶体管。

（3）1965～1969 年，主要使用集成电路。

（4）1970～1973 年，主要使用大规模集成电路和小型通用计算机。

（5）1974 年至今，主要使用微处理机或微型计算机。

从数控系统的整个发展史，可以看出其发展趋势是多功能、方便、低成本、高可靠性等。数控机床如图 12.1 所示。

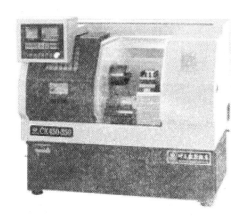

图 12.1　数控机床

国内生产的机床与国内市场需求反差较大，产品结构亟须调整：国内机床行业虽多年持续快速发展，但是产品结构和产业机构不合理的现象依然存在，整个行业大而不强，高档产品较少且多依赖进口。国产机床市场占有率较低，尤其是高档数控机床和核心功能部件在国内市场占有率低，全行业产品替代进口产品的潜力非常巨大。

我国机床行业的发展必须立足于自主创新，创造出适合国内各行业使用的、技术过关、成本较低的机床。

二、数控机床的特点

数控机床的使用很好地解决了复杂、高精度、小批多变的零件加工问题，灵活性高，功能性强。与传统机床相比，具有以下一些特点：

1. 高度柔性

数控机床主要靠加工程序来加工零件，无需像普通机床那样多次更换夹具、模具和调整机床，使用方便。尤其对于少量多品种零件的加工，能极大地减少加工时间，降低成本。

2. 高精度

数控机床主要靠数字信号控制，每输出一脉冲信号，机床运动部件移动一个脉冲当量（一般为 0.001 mm），且进给传动链的反向间隙与丝杆螺距的平均误差可经过数控装置进行曲补偿，使其精度可达 0.05～0.1 mm。这比普通机床的精度高很多。

3. 高可靠性和稳定性

在相同加工条件下，同一机床使用相同刀具和加工程序，并采用相同的走刀轨迹加工同一零件，零件的一致性好，质量高且稳定。

4. 生产率高

数控机床可有效地减少零件的加工时间和辅助时间；高速切削加工、部件的快速移动和定位,提高了生产率;与加工中心的刀库相配合,可进行多道工序的连续加工,极大地减少了半成品在不同工序间的周转时间,提高了生产率。

5. 改善劳动条件

数控机床与普通机床不同,其加工主要靠事先设定好的加工程序自动加工零件。操作者所要做的只是输入编辑程序、准备刀具、装卸零件、监测加工状态、检验零件等工作,劳动强度大大降低,工作的形式也由重复性的体力劳动向脑力劳动转变。

6. 现代化的生产管理

现代化管理,如能精确地估计加工时间;规范刀具、夹具的使用,易于实现加工信息的标准化。目前,数控机床控制已与 CAD/CAM 有机地结合起来,是现代化集成制造技术的基础。

三、数控机床的组成

数控机床由程序载体、输入装置、数控装置、伺服驱动系统、强电控制装置、机床和检测装置等七部分组成。图 12.2 描述了数控机床的组成及其各组成部分之间的关系。

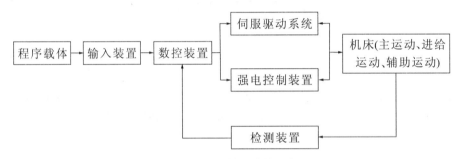

图 12.2　数控机床的组成

1. 程序载体

程序载体是指控制数控机床时,人与机床之间联系的媒介。程序载体中存储着加工零件所需要的全部信息,包括工艺信息和几何信息。正是这些信息提供了加工时工件在机床坐标系中的相对位置、加工的工艺路线和顺序、刀具和工件相对运动的坐标参数以及主运动、进给运动和辅助运动等的各种参数。载体中的这些信息,按照规定的格式和代码编成加工程序单,再制作成磁带、穿孔带等多种程序载体,或用键盘直接将程序输入到系统中。

2. 输入装置

输入装置主要用来将程序载体上的各种代码信息输入到数控装置的内存储器中。早期,输入装置都是穿孔带、磁带、软盘驱动器,现在一般通过数控装置控制面板上自带的输入键进行人工输入,有时也用计算机直接传输信息给数控装置。

3. 数控装置

数控装置的主要作用是接收输入装置传送的信息,进行译码和寄存,并对相应的数据进行运算和处理,最后输出各种信号和指令,从而控制机床按照事先编好的程序进行操作。

4. 强电控制装置

强电控制装置的主要作用是接收数控装置输出的各种 PLC 信号(包括启停、主轴变速和换向、工件的松紧、冷却液的输送等各种信号),经放大功率后直接驱动执行元件执行相应的命令。

5. 伺服驱动系统

伺服驱动系统主要用来接收数控装置的位置控制信息,并将这些信息转换成数控系统坐标轴内的进给运动和精确定位运动。

6. 床体

床体是指数控机床的主体。它包括床身、底座、立柱、工作台、横梁、进给机构、滑座、主轴箱、刀架及自动换刀装置等机械部件。它是数控机床上自动地完成各种切削加工的机械部分。

7. 检测装置

检测装置通过检测数控机床各坐标轴的实际位移值,将其经反馈系统输入到数控装置中,而数控装置将反馈的实际位移值与指令值相比较,最后向伺服系统输出达到设定值还需要进行的位移量指令。

四、数控机床的分类

(一)按加工方式和工艺用途分类

1. 普通数控机床

普通数控机床是指在加工过程中的一个工序上对其进行数字控制的自动化机床,如数控车床、数控铣床、数控钻床、数控磨床和数控齿轮加工机床等。普通数控机床并非完全自动化,还需人工操作刀具的更换、零件的装夹等。

2. 加工中心

加工中心是带多种刀具的刀库和自动换刀装置的数控机床,整合了包括数控铣床、数控钻床等多种机床功能,使零件在一次装夹后,可以实现钻、铣、扩、镗、铰及攻螺纹等多工序的加工。与普通数控机床相比,加工中心只需安装一次,一定程度上消除了多次安装造成的定位误差,因而它非常适用于零件复杂、产品更换频繁、精度要求高、小批量、短周期的产品。

(二)按运动方式分类

1. 点位控制数控机床

点位控制是指数控系统只控制刀具或工作台从一个位置移动到另一个位置的准确定位,移动过程中不进行任何加工,到达定位点再进行加工。点位控制数控机床,一般先快速移动到定位点附近,再减速移动到定位点,对路径无要求。采用这类控制的有数控钻床、数控镗床等。

2. 点位直线控制数控机床

点位直线控制是指数控系统既控制直线轨迹的起点和终点的准确定位,又控制两点间以指定的进给速度进行直线切削。此类机床在加工时,刀具的移动通常是平行于各坐标轴。采用这类控制的有数控铣床、数控车床和数控磨床等。

3. 轮廓控制数控机床

轮廓控制又称连续轨迹控制,是指能够连续控制两个及以上坐标方向的联合运动。加工时,要同时控制起点、终点以及加工过程中每一点的位置和速度。采用这类控制的有数控车床、数控铣床、数控磨床和加工中心等。

（三）按控制方式分类

1. 开环控制系统

开环控制系统是指无任何反馈装置的控制系统。图 12.3 为开环控制系统的结构图，通过控制介质将信息传递给数控装置后，数控装置经控制运算发出脉冲信号，每一脉冲信号使伺服系统的电动机运行一定角度，进而推动工作台移动一定的距离。

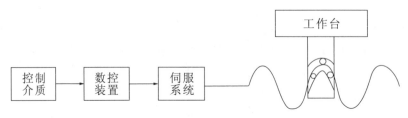

图 12.3　数控机床开环控制系统

开环控制系统简单，工作稳定，操作简单，但精度不是很高。

2. 半闭环控制系统

半闭环控制系统是指在开环系统的伺服机构中安装角位移检测装置，将检测到的伺服机构中滚珠丝杠转角换算成移动部件的位移，并将其反馈到比较器中，与输入的目标位移值相比较，再用比较后的差值进行控制，补充位移差值，直到差值消除为止的控制系统。如图 12.4 所示。

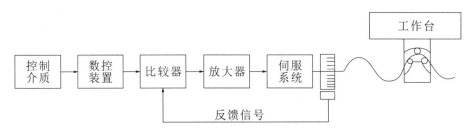

图 12.4　数控机床半闭环控制系统

半闭环系统在精度、速度和动态特性等方面比开环控制系统好，广泛应用于中小型数控机床。

3. 闭环控制系统

闭环控制系统是指直接在机床移动部件位置上安装直线位置检测装置，将检测到的实际位移反馈到数控装置的比较器中，与目标位移值相比较，再用比较后的差值控制，补充位移差值，直到差值消除时才停止移动，达到精确定位的控制系统，如图 12.5 所示。

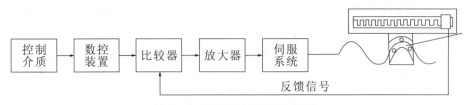

图 12.5　数控机床闭环控制系统

与开环和半闭环控制系统相比较,闭环控制系统的定位精度最高,但同时结构也很复杂,调试维修难度较大,多用于高精度和大型数控机床。

知识链接二　　CK0630 数控车床电气控制电路

图 12.6 是 CK0630 数控车床。该系列机床适宜加工各类形状复杂的轴、套、盘类零件,加工效率高,成品一致性好,是仪表、轻工、五金、电子等行业理想的加工设备。

图 12.6　CK0630 数控车床

下面以 CK0630 数控车床为例来分析数控车床的电气控制电路。

一、CK0630 数控车床的操作面板

图 12.7 为 CK0630 数控车床的操作面板。CK0630 数控车床的数控装置(CNC)和机床控制装置都集中在操作面板和 CNC 控制面板组成的操作盘上。

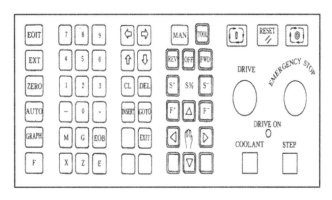

图 12.7　CK6030 数控车床操作面板

CK0630 控制键盘主要由功能选择键、编辑键与手动控制键三大部分组成。

（一）功能选择

机床通电后,屏幕会显示一些提示信息(图 12.8),按下任意一个功能键即可进入所选的控制状态。

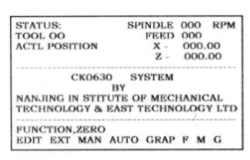

图 12.8　CK0630 数控车床屏显功能选择页

可以选择的功能有以下几种：

1. ZERO(归零)

回机床零点功能键。控制拖板沿 X、Z 两个方向分别运动至机床零点。系统每次通电启动或加工中急停中断后,必须先执行此功能,然后才能正确进入自动加工与对刀控制状态。

2. AUTO(自动加工)

自动加工控制功能键。进入此状态,系统自动控制加工程序的执行。

3. GRAPH(图形)

图形模拟控制功能键。进入此状态,可执行图形仿真加工程序,直观地检查加工程序编制正确与否,同时还可指出循环次数为 0、有错误代码指令等错误。加工程序编制完成后可先进行图形模拟,亦可关闭驱动开关自动执行一次,以便发现问题,及时纠正错误。

4. F

刀偏量、齿隙补偿量设置功能键。进入此状态,系统可设置 8 把刀的刀偏值,并可任意修改,同时也可设置与修改齿隙补偿量(0～2.55 mm)。

5. MAN(手动)

手动功能控制键。进入此状态,操作者可手动控制换刀、主轴变速、主轴正反转、主轴停、进给量升降及 X、Z 两轴进给。

6. EDIT(编辑)

编辑状态选择键。进入此状态,操作者可进行加工程序的输入、编辑与修改。

7. EXT(通信)

通信状态进入键。进入此状态,系统可与磁盘机等通信,存储编辑完成的加工程序,打印加工程序或与 PC 机联机通信。

8. M

M 功能检索键。屏幕显示全部 M 功能指令及解释,包括程序暂停、结束,主轴正转、反转,主轴停,换刀,冷却液开、关等。

9. G

G 功能检索键。屏幕显示全部 G 功能指令及解释,包括绝对值方式编程,增量方式编程,加工程序原点设置,快速点位运动,直线插补,顺圆插补,程序延时,螺纹加工,沿 X、Z 方向回程序原点,子程序调用,循环,公(英)制单位及浮点原点设置等。

（二）编辑功能

进入编辑功能或输入修改数据时下述键有效:

0－9	数字键
.	小数点
－	负号
EOB	程序段输入
E	数据输入(编辑时为清除当前程序段)
←→↑↓	移动光标
CL	清除当前输入数据
DEL	程序段删除
INSERT	程序段插入
GOTO	程序段检索
EXIT	退出

（三）手动选择

TOOL	手动换刀(换刀一般应回程序原点)
FWD	主轴正转
REV	主轴反转
OFF	主轴停
S↑	主轴升速
S↓	主轴降速
F↑	进给升速
F↓	进给降速
◁▷⇔	手动进给控制

二、CK6030 数控车床的电气控制电路

CK6030 数控车床由数控装置、机床控制电器、主轴变频器、X 轴进给驱动、Z 轴进给驱动、刀架电动机控制、冷却泵电动机控制以及其他信号控制电路组成。

图 12.9 是 CK0630 数控车床的主电路图。从图中可以看出,主电路部分有 4 个低压断路器、3 个电动机。每个电动机都有一个专门的低压断路器。主轴电动机 M1 只有一个方向的运动,无反转,变频器对主轴电动机实现调速。刀架电动机 M2 有正反转;冷却泵电动机 M3 只有单向运动,负责输送冷却液。

图 12.10 为 CK0630 数控机床的控制电路图。KM1 控制主轴电动机的主运动和进给运动。KM2、KM3 分别控制刀架电动机的正反转。KM4 控制冷却泵电动机冷却液的输送。

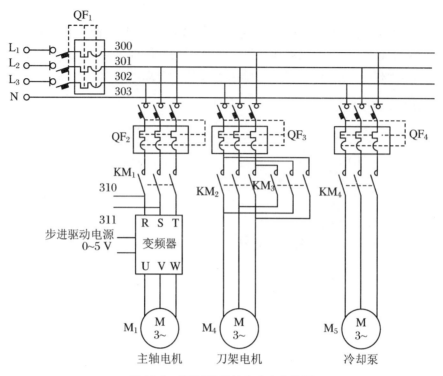

图 12.9　CK0630 数控车床主电路图

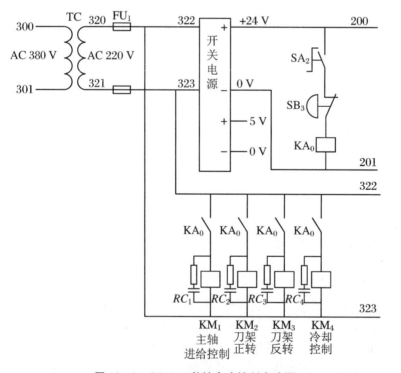

图 12.10　CK0630 数控车床控制电路图

　　数控车床与普通车床在构成上最主要的区别就是有数控系统（又称数控装置），它可以对输入输出信号进行处理，与步进驱动器以及变频器相连，实现对相应电动机的速度控制和精度控制。常见的数控系统有 FANUC-0i、HN-100T 等。

数控机床的加工需要相应的程序进行控制，一般用 PLC 程序进行控制。

知识链接三　数控机床的故障特点和分类

一、数控机床的故障特点

（1）元器件的寿命是有限的，非正常操作时元器件的寿命更会大幅降低。

（2）电气系统故障比较容易诊断出，但是电气系统比较容易出故障，且很容易受外界环境影响，如温度过高、老鼠撕咬等都很容易破坏电气系统。

（3）一些电线、电缆等磨损都容易造成短路、断路。

（4）电动机进水或轴承损坏也容易造成电动机的故障。

二、数控机床的故障分类

（一）按故障发生的部件分类

1. 主机故障

常见的主机故障有装调和操作不当引起的导轨运动摩擦过大和机械传动故障。故障表现为运行阻力大、传动噪音大、加工精度不高。

2. 电气故障

电气故障分为强电故障和弱电故障。

（二）按故障的性质分类

1. 系统性故障

一般指超过主要设定的限度或满足一定的条件就发生的故障。这属于一种比较常见的故障。

2. 随机性故障

通常指在同样的条件下偶尔发生的故障。此类故障一般与元器件品质、操作失误或不当、参数设定、安装质量、工作环境等因素有关。可通过加强系统的维护和检查避免此类故障。

（三）按有无故障报警显示分类

1. 硬件报警显示故障

在各单元装置上安装警示灯，当各装置有故障时，相应的警示灯亮，由此可判断故障发生的性质和部位。

2. 软件报警显示故障

此类故障一般通过显示屏来显示，通过相应的代码或者标示显示何处发生故障。

3．无报警显示的故障

此类故障无任何软件或硬件的故障显示，只能靠人工排故。此类故障比前两种的故障诊断困难。

（四）按故障发生的原因分类

1．数控机床自身故障

指数控机床自身引起的故障，与外界使用环境无关。

2．数控机床外部故障

指由外部原因造成的故障，如电源电压波动、环境温度过高、有害气体和潮气入侵等。

知识链接四　　数控机床的故障排除与检测

数控机床的故障排除不是随心所欲的，而是需要遵循一定的原则，按照一定的步骤，讲究一定的方法才行。

一、数控机床故障排除应遵循的原则

1．先外部后内部

如同给病人看病一样，数控机床出现故障时也需要维修人员进行望、闻、问、切，从外向内逐项检查。如外部的按钮开关、行程开关、液压气动元件、印刷电路板间的连接部位接触不良等是数控机床产生故障的重要因素。应尽量避免随意地启封、拆卸，以避免扩大故障，降低机床性能。

2．先机械后电气

数控机床与普通机床相比自动化程度较高，机械故障容易察觉和诊断，很多故障都是机械失灵造成的。一般来说机械部分应检查导轨是否能正常运行、液压气动部分应检查是否有阻塞等。确认无机械故障后再检查电气部分。

3．先静后动

不盲目动手，首先应向操作人员询问故障发生的过程、故障发生后的情况，并查阅相关手册和说明书，才可动手排除故障。其次，动手排除故障不能一上来就通电，应该先进行无电检测，等确认为非恶性循环性故障后才可通电检测。通电检测也要保证各参数与故障发生时是相同的。

4．先公用后专用

根据故障现象，如果几台电机同时不运转，应该先检查和排除公共电路部分，然后再检查排除局部的电路。

5．先简单后复杂

当故障较多且复杂时，应先从最容易解决的地方入手，一层一层、一个一个逐个击破，最后才解决复杂的。往往当前面简单的问题解决了以后，复杂的问题也就没那么复杂了。

6．先一般后特殊

排除故障时，通过现象分析，应先考虑最常见的故障原因，最后才考虑极不容易发生的特殊原因。

二、数控机床故障排除的步骤

在排除数控机床故障时，要有清晰的思路，按步骤进行排故。首先，要对故障进行调查，确认记录故障现象；其次，根据故障现象分析所有可能的故障点；再次，分析故障原因，制定排故方案，并进行逐级检测；最后，确定排除故障并进行资料记录。具体实施步骤如下：

（一）进行故障记录

数控机床发生故障时，工作人员应先停止机床，保护现场，详细地记录故障发生的各种信息，并及时通知维修人员。记录内容应尽可能的详细，一般包括下述几个方面：

1．基本情况记录

（1）发生故障的机床型号、控制系统型号、系统软件版本号。

（2）故障发生时的现象以及发生的部位，如是否有异常声音、烟、气味等。

（3）发生故障时系统所处的操作模式，如：MDI（手动数据输入方式）、AUTO（自动方式）、HANDLE（手轮方式）、EDIT（编辑）、JOG（手动方式）等。

（4）AUTO 模式下的故障，需要记录故障发生时的加工程序号、程序段号以及用的刀具号等。

（5）若故障发生时出现工件精度过差等的不合格工件，应保留不合格工件并记录不合格工件的加工工件号。

（6）对于有报警的故障，应记下相应的报警信息。

（7）记录故障发生时机床所处的工作状态，如数控系统处于什么功能、什么状态下，坐标轴处于什么状态，进给倍率是否为 0 等。

（8）记录发生故障时，各坐标轴的位置跟随误差值、移动方向、移动速度、转向、主轴转速等。

2．故障发生频繁程度的记录

（1）记录故障发生的时间与周期，如故障多久发生一次，是否频繁？

（2）记录故障发生的环境情况，如是否总是在用电高峰期发生？故障发生时附近的其他机械设备是否也发生了故障？

（3）故障若是在加工零件时发生，则应记录加工同样零件时故障发生的概率。

（4）检查故障是否与一些特殊动作有关，如"螺纹切削""换刀方式""进给速度"等。

3．规律性记录

（1）是否可以在不造成人员伤害和不造成更大故障的前提下重演故障现象？

（2）故障的发生是否是外界因素造成的？

（3）在执行某固定程序段时出现的故障，可在 MDI 模式下单独执行该程序段，看是否发生同样的故障。

（4）若故障与机床动作有关，在手动情况下重复该动作，看是否发生同样故障。

（5）同样的故障是否发生过？其他数控机床是否也经常发生此类故障？

4．故障发生时的外界条件记录

（1）环境温度或局部温度是否过高？

（2）周围是否有强振动源或强电磁干扰源？

（3）现场是否有强光直射设备？

（4）电器柜内是否进入了切削液、润滑油、水？

（5）电压是否过大？

（6）故障发生时，是否有其他大电流的装置或设备正在进行启、制动？

（7）故障发生时，附近是否正在修理、调试电气和数控装置？是否正在装调机床？

（二）维修前的检查对照

记录各种故障信息后，应将其与系统、机床使用说明书进行对照，以便确认故障的原因。主要包括以下内容：

1．工作状况检查

（1）机床的调整状况如何？机床工作条件是否符合要求？

（2）加工时刀具是否符合要求？切削参数是否合理？

（3）刀具偏移量设置是否合理？自动换刀时，换刀位置是否正常？

（4）系统的刀具补偿量、坐标轴的间隙补偿量等参数设定是否正确？

（5）系统的参数设定（包括坐标旋转、零点偏置值、镜像轴、比例缩放因子、编程尺寸单位选择等）是否正确？

（6）安装是否合理？测量手段、方法是否正确、合理？

（7）是否存在因温度、加工等因素造成零件变形的现象？

2．机床运转情况检查

（1）机床自动运转时，操作方式是否被改变过？

（2）机床侧是否处于正常加工状态？工作台、夹具的工作位置是否正确？

（3）操作面板上的各按钮、开关位置是否正确？机床是否处于钳住状态？

（4）"急停"按钮是否处于激活状态？

（5）电器柜内的各低压电器的工作状态是否正常？

（6）操作面板上的方式选择开关位置是否正确？进给保持按钮的状态是否正常？

3．机床和系统之间连接情况的检查

检查各电线、电缆是否有破损情况？线路布局是否合理？接地线、屏蔽线接得是否可靠？有电磁部件的装置是否装有噪声抑制器等。

4．数控装置的外观检查

（1）运行数控系统时，电器柜门是否打开了？是否有部件被液体或粉尘污染？

（2）电器柜内部的散热装置是否能正常工作？

（3）使用纸带阅读机时，是否有污物？阅读机上的制动电磁铁能否正常动作？

（4）电源单元的熔断器是否正常？

（5）电缆连接器插头是否能正常接通？

（6）系统模块、线路板的数量是否齐全？是否可靠地安装？

（7）操作面板上，MDI/CRT 单元的按钮是否处于正常工作状态？

（8）模块的设定端的位置、系统的总线设置是否正确？

三、数控机床故障排除的方法

常见的故障排除方法有以下几种：

1. 直观法

直观法是指维修人员通过对故障发生时产生的各种光、声、味等异常现象进行观察，将故障范围缩到最小的方法。此方法要求维修人员具有丰富的经验和较强判断能力。

2. 系统自诊断法

系统自诊断法是指充分利用数控系统的自诊断功能，根据显示屏上显示的报警信息及各种指示灯的指示，判断出故障大致起因的方法。此方法是数控机床诊断时较常用的一种方法。

3. 参数检查法

数控系统的机床参数是保证机床正常运行的前提条件，它们直接影响着数控机床的性能。检查和恢复参数是维修中行之有效的方法之一。

4. 功能测试法

功能测试法是指通过功能测试程序，检查机床的实际动作，从而判断故障的一种方法。可以手工编制一个功能测试程序并运行，同时检查机床的运行情况，进而判断出故障发生的原因。对于长期不用的数控机床或第一次使用时，都应用此方法检查一次以判断机床的工作状况。

5. 部件交换法

部件交换法是指在大致确认故障范围后，用相同的电路板、模块等替换原有的部分进行验证的方法。交换的部件可以是系统的备件，也可以用机床上的各低压电器。需要注意的是，在更换部件之前，应检查更换部件的外部工作电路是否有短路或过电压等异常情况，否则不能轻易更换。

6. 测量比较法

维修人员可以对机床上留出的测量端子进行测量，并与相同部件正常电路板的测量值进行比较分析，从而判断出故障原因及位置。

7. 原理分析法

原理分析法是指根据数控系统的组成及工作原理，从原理上分析各点的电平和参数，并用各种仪器仪表进行测量，将测量值与理论值进行比较和分析，进而查找出故障点的方法。此方法要求维修人员有较高的理论水平，对整个系统和电路非常熟悉。

除以上方法外，还有插拔法、电压拉偏法、敲击法等方法，维修人员可以根据不同的故障现象自行选择合适的方法，对故障进行检测和综合分析，逐步缩小故障范围，最终找到故障点并排除。

 操作实践

任务　CK0630 数控车床的故障排除与检测

一、实训目的

（1）熟悉 CK0630 数控车床的操作方法。

（2）熟悉 CK0630 数控车床的常见故障。

（3）能按照数控机床的故障排除原则和方法进行故障排除。

二、实训器材

（1）CK0630 数控车床。

（2）常用电工工具、9205A 万用表、电烙铁、示波器等。

三、实训步骤

（1）老师讲解 CK0630 数控机床的基本工作状态、各元器件的布局走线情况，并介绍设备如何操作。学生认真听讲并熟悉相关内容。

（2）老师人为设置一个故障点，向学生演示故障排除过程，并让学生观察、提问及自由讨论，从而掌握排除故障的方法和步骤。

（3）人为设置 2 个故障点，让学生分组实训、排除故障。排除故障过程要规范，严格按照排除故障的方法、原则和步骤执行，做好各种情况记录和分析检查记录。

四、注意事项

（1）在检修前要对 CK0630 数控车床的元件位置以及工作原理非常熟悉。

（2）认真观看老师示范检修过程，要熟悉检修的步骤。

（3）检修时要做好检修记录。

（4）检修时，能停电检测的要停电检测并验电。带电检修时，要有老师在场，确保用电安全。

（5）使用工具仪表检测时要规范，防止不必要的错误造成工具及设备损坏。

（6）实训完毕填写实训报告。

五、评分标准

评分标准如表 12.1 所示。

表 12.1　评分标准

项目内容	考核要求	分值	评分标准	扣分
故障描述	对故障现象进行描述	20	(1) 描述少 1 处扣 5 分； (2) 描述错 1 处扣 5 分	
故障分析	根据故障现象分析可能的原因，并标出故障范围	20	(1) 标不出故障范围，每个扣 5 分； (2) 标错故障范围，每个扣 5 分	
故障处理	正确使用工具和仪表，找出故障并排除	50	(1) 不能排除故障点，每个扣 10 分； (2) 损坏元器件，扣 30 分； (3) 扩大故障范围或产生新的故障，扣 30 分； (4) 工具和仪表使用不正确，每次扣 5 分； (5) 在学生实训时，老师随即提问相关问题，回答不出或错误扣 2 分	
实训报告填写		10	不按时完成或者不完整的酌情扣分	
安全文明操作和素养			违反安全操作，或衣着不合规定，酌情扣分	
备注：超过规定时间，扣 5 分				
开始时间		结束时间		实际时间	
综合评价				
成　绩		评价人		日　期	

项目小结

随着人们对加工工件精度和复杂度的要求的提高以及科技的进步，普通机床已经不能满足生产的需要，越来越多的场合需要使用数控机床。数控机床很好地解决了复杂、高精度、小批量且多变的零件加工问题，而且灵活性高、功能性强、精度高、自动化程度高。

数控机床由程序载体、输入装置、数控装置、伺服驱动系统、强电控制系统、机床和检测装置等七部分组成。

数控机床在维修时应遵循一定的原则，按照一定的步骤，以合适的方法进行。

习题

1. 与普通机床相比，数控机床有什么特点？
2. 数控机床有几种分类方法？如何分类？

3. 数控机床由哪几部分组成？

4. 数控机床的故障可以从哪些方面分类？分别有何特点？

5. 数控机床在排除故障时应遵循哪些原则？

6. 简述数控机床检修的基本步骤。

7. 常见的数控机床故障排除方法有哪些？

8. 在检修数控机床时，应做好哪些记录？

参 考 文 献

［1］ 郑建红,任黎明.机床电气控制技术［M］.北京:中国铁道出版社,2013.

［2］ 宋运伟.机床电气控制［M］.天津:天津大学出版社,2010.

［3］ 韩顺杰.电气控制技术［M］.北京:中国林业出版社,2006.

［4］ 高学民,汪蓉樱.机床电气控制［M］.济南:山东科学技术出版社,2010.

［5］ 黄卫.数控机床与故障诊断技术［M］.北京:机械工业出版社,2004.

［6］ 李山兵,刘海燕.机床电气控制技术:项目教程［M］.北京:电子工业出版社,2012.

［7］ 俞艳,鲁晓阳.维修电工与实训:综合篇［M］.北京:人民邮电出版社,2008.

［8］ 王炳实,王兰军.机床电气控制［M］.北京:机械工业出版社,2012.

［9］ 陈志平,张涛川.数控机床电气控制［M］.西安:西北工业大学出版社,2013.